통제담론과 건축이론

글 임기택

PART Ⅲ 시사점과 건축적용 가능성

어딘가에 벽과 문을 세운다는 것은 세우는 사람(권력자)의 목적과 의도가 투사되어 권력의지가 작용되는 공간구조를 만들어 내게 됨을 의미한다. 건축물은 소유자의 의지에 따라 통제되는 벽과 문으로 구성된다. 벽과 문으로 구성된 수없이 많은 방들의 집합인 건축과 도시는 시간의 흐름에 따라 통제와 감시의 기제가 정교하게 작동하여 건축 공간적, 지리적 불평등을 야기하는 구조로 진화해왔다.

푸코는 이성의 시기 이후 발생했던 새로운 감시 및 통제의 시설들을 계보적으로 분석했다. 이를 통해 그는 이성의 이름으로 정상과 비정상을 구분하기 시작했으며 비정상을 사회와 격리시킬 수 있는 권위를 부여하고 시스템화함으로써 비이성과 광기를 배제할 수 있는 근거를 마련했음을 밝혀냈다. 근대시설 중 하나인 구금시설(교정시설)은 이성에 의해 배제된 사람들을 격리시킨 후 직접적으로 감시하고 통제하는 최적으로 시스템화된 시설이다.
이성의 시대 이후, 폭발적으로 발달한 생산 시스템과 대규모 건축공간과 도시구조는 '자본의 집적과 효율화를 위한 관리 및 통제 시스템의 정교화'라고 달리 이야기할 수 있다. 산업혁명 이후 생산분야의 공간 및 주변 생산공간과 결합된 주거영역에 주로 관계되었던 통제의 시스템은 유연하게 소비공간에도 작용하여 점차 일상의 영역까지 통제의 식민화가 이루어지게 되었다.
여기에서 문제가 되는 점은 일상의 식민화를 통해 자유로운 공공영역에서의 의사소통행위가 근본적으로 위협을 받고 있다는 점에 있다.

오늘날 자본의 영역에 속해 있는 대규모 쇼핑몰의 커뮤니티 공간(사회적 공간) 영역은 자유롭고 생기가 넘치는 공간으로 인식하고 있지만 다른 한편의 시각으로 보면, 이러한 공공영역의 의사소통행위가 일어날 수 있는 부분을 원천적으로 배제함으로써 그 결과 공공영역의 축소현상이 가속화되는 것으로 비판받을 소지가 있다. 그 공간들은 지역의 여가생활의 중심, 소비생활의 중심이 되는 활력 넘치는 공간이지만 그것은 결국 공적 담론의 장은 축소되고 자본사회에서 한정된 소비행위의 자유만이 허용되는 공간임을 인식할 필요가 있다.

6권의 주제를 함께 살펴보면서 '건축공간의 감시 통제의 유연적 진화'와 '공공영역의 축소현상'을 통해 자본의 진화와 건축공간의 권력의지의 투사가 어떤 방식으로 진화해 왔는지를 이해함으로써 현대 자본사회의 공간의 특성과 바람직한 공공영역에 대해 진지하게 고민하는데 작은 도움이 되기를 기대해본다.

2014년 7월

주요 철학자 소개

미셸 푸코 Michelle Foucault, 1926-1984

프랑스의 철학자. 구조주의적 마르크스주의자. 파리대학대학원 정신병리학 박사. 1971~1984 프랑스 콜레주드프랑스 교수 역임. 고등사범학교ENS 졸업. 알 튀세르르는 고등사범학교의 스승이자 동료였으며 데리다는 그의 후배였다. 푸코는 헤겔의 역사의 발전에 대한 사고를 비판한다. 푸코는 사람들이 시대에 따라 같은 틀로 사고하지는 않는다는 점을 강조한다. 또한 과거의 사고가 쌓여 그것이 다음 세대로 전승 발전되는 것도 아니라고 주장한다. 그의 생각으로는 한 시대는 다른 시대와 연속된 것이 아니라 단절된 것일 뿐이다. 다시 말해 역사가 인간의 의도에 따라 전개되거나 발전방향성이 보장되어 있는 것이 아니라 쌓이면서 이질적 단층이 계열을 이루게 된다고 주장한다. 변증법적 프레임에 의해 의미를 부여하고 수렴하여 포획하려고 하지만 푸코는 이러한 생각에 반기를 들고 있다. 지식은 시대마다 권력과 시대정신이 결합하여 그 시대의 지식의 기준이 되고 권력의 억압구조를 반영하면서 각각 그 시대의 '에피스테메episteme'를 이루는 것일 뿐이라고 이야기 한다. 푸코는 사건이나 과정 배후의 다양성 복합성을 드러내고 그것들의 단절과 불연속에 주목한다. 즉, 역사에서 어떤 연속성이나 불변적 본질, 총체적 구조를 상정하거나 추구하지 않고, 역사를 다양한 힘들(요소들) 간의 투쟁이나 대결로 이해한다.
구조주의적 시각에서 시작하여 그의 사유는 차이와 억압된 것을 수용하는

1. 미셸 푸코 초상

사유로 발전하여 포스트모던 시대에 들어서 한 시대의 에피스테메의 지층을 만들어내면서 사회 전체에 작용하고 있음에 주목하였다. 헤겔의 역사철학은 이리저리 흩어져 있는 사건들에 의미를 부여하려고 하고 그것들을 연속적인 운동 안에 수렴하고 포획하려고 하지만, 푸코는 그러한 연속성과 인식 가능성을 부정한다.

푸코는 역사적 연속성과 총체성이라는 독단을 깨뜨리고 '단절', '불연속성', '돌연변이' 등을 강조한다. 이른바 구조 이면에 흐르는 욕망이나 소외된 것을 중점적으로 다루는 후기구조주의적 사유이다. 푸코는 서구 사회가 근대 이후에 이성이 중시되는 사회가 되면서 우리 사회가 이성이라는 이데올로기 하에 광기와 주변적인 것을 구분하고 그것을 통제하거나 억압하는 수단으로 만들어왔다고 폭로한다. 그 구분의 과정에서 근대적 감금시설이 등장하게 되었고 비이성으로 구분된 것은 철저하게 각종 권위를 내세워 통제하고 억압하고 감금하게 되었음을 폭로했다. 그의 담론과 사유의 방법론은 건축의 프로그램과 시설의 변화 그리고 사회적 인식의 변화를 계보적으로 파악한다는 점에서 건축적 담론으로 중요한 철학자이다.

위르겐 하버마스 Jurgen Habermas 1929-

독일의 철학자. 비평 이론가. 실용주의 사회학자. 의사소통 이론으로 대표되는 그의 이론은 건축부문에서는 '공공영역'의 개념과 밀접한 관련이 있으며 이에 대한 공간적 내용을 담론화하여 건축부문에서 생각해 볼 주제를 던져준다. 사회 이론의 기초와 인식론을 중심으로 연구했으며, 진보된 자본주의 사회와 민주주의, 비판적 사회 진화적 맥락, 현대 정치학(특히 독일의)에 영향을 미쳤다. 그의 이론적 체계는 이성, 해방, 인간 능력의 이성적, 비판적인 소통 잠재력의 가능성을 여는 것에 있었다.

2. 하버마스 초상

하버마스는 인간의 해방은 '합리적 의사소통'을 통해 가능하다고 생각했다. 즉, 인간 사이의 의사소통은 언어 의미의 불완전성으로 인해 의사소통에서 필연적으로 왜곡되는 측면이 발생한다. 따라서 하버마스는 이러한 왜곡된 의사소통의 간격을 줄여나가는 합리적 의사소통이 진행되면 인간 사이의 갈등 또한 줄어나갈 것이라고 주장한다. 그는 '의사소통의 왜곡'을 '의사소통의 합리성'으로 바꾸기 위한 이론으로써 "의사소통행위이론"을 주장한다. 여기서 하버마스는 '의사소통 합리성'의 개념을 설정하고, '생활세계'와 '체계'로 나뉘는 새로운 사회 개념을 완성하여, 체계에 의한 '생활세계의 식민화'라는 가정으로 근대적 병리현상을 설명한다. 하버마스는 근대화의 고유한 병리적 현상은 생활세계가 목적합리적 행동의 자립화된 하위체계에 의해 '내적 식민화' 되는 데 있다고 주장한다. 즉, 의사소통에서의 목적 합리적 행동, 또는 전략적 행동은 후기 자본주의에서 체계의 위상이 상승하면서 체계를 위한 "형식적으로 조직된 목적합리적인 행동" 들 또한 체계를 위해 증가하게 되었다. 여기서 일상적 의사소통의 합리성은 생활세계에 중심이 쏠리기보다는 체계를 위한 목적 합리적 의사소통으로 중심이 이동하게 되면서 '일상적 의사소통의 일면적 합리화'가 진행되게 된다. 이는 결국 의사소통의 합리성을 상실해가는 '생활세계 내의 문화적 빈곤화'를 일으키게 되며 이러한 문제는 문화가 전문직업으로 다루어지게 됨으로써 전문화된 성찰만이 증가하고 일상실천은 줄어들게 된다. 6권에서는 포스트포디즘의 유연적 소비공간구조의 변화에 따른 일상생활세계의 식민화 현상, 통제현상에 대한 주제와 관련이 있다.

피에르 부르디외 Pierre Bourdieu, 1930–2002

프랑스의 사회학자. 교수. 참여 지식인. 사회참여에 적극적이었다.
1968년 '유럽사회학센터'를 설립하고 「사회학연구」를 발행하기 시작, 이 잡지에 활발한 연구논문을 발표하면서 이른바 '부르디외 학파'를 형성했다.

후기구조주의 입장에서 구조와 행위의 관계를 중점적인 주제로 삼았다. 사회구조를 사회학적 방법론과는 거리가 먼 문화예술 현상과 접목, 미학적 인식이 사회적으로 구성되어가는 방식 등으로 기술했다. 그는 주체와 실천의 지평이 부족한 기존의 구조주의를 극복하기 위한 대안으로, 구조주의 내에 주체를 집어넣으려 했다. 주체와 구조를 잇는 매개 고리로서 그가 제안한 '아비튀스'라는 개념은 결정론적 구조와 의지가 있는 주체를 변증법적으로 매개하는 역할을 한다. 의식이나 언어보다 더 근본적으로 특정계급이 자신의 이익에 맞추어 유리한 방식의 습관이 생겨나는데, 이것은 복종의 결과가 아니지만 미묘하게 그 계급사람들의 집단무의식에 영향을 미쳐 객관적으로 규율로 정해져서 '적법한' 것이 될 수 있으며, 집단적으로 더욱 강력하게 조직화될 수 있다는 점에 대해 강조했다. 6권의 담론에서 다루는 '소비생활과 아비투스', '일상생활의 통제 및 식민지화'에 대한 담론에 대해서 논의와 밀접한 관련이 있다. 6권의 담론과 관련하여 중산층의 구매력이 증가하면서 만들어지는 소비행태와 문화양식은 소비공간의 변화, 일상영역의 식민지화, 공공영역의 축소현상과 맞물리는 담론을 다루고 있다.

앙리 르페브르 Henri Lefebvre, 1901–1991

프랑스의 철학자, 문화사회 비평가, 지리학자. 1920~30년대 마르크스주의에 심취하여 마르크스주의자가 되었으며 반反파시즘 운동에 참가하였다. 마르크스주의 철학적 관점의 연구에 집중했다.

소르본에서 철학을 공부했고 며 이를 통해 인류의 소외, 일상생활의 억압과 통제에 대해서 연구했다. 르페브르는 20세기 초, 중반에 다다이즘과 초현실주의 및 마르크스주의자들과의 교

3. 피에르 부르디외 초상
4. 앙리 르페브르 초상

분을 유지했으며 2차 세계대전 중에는 레지스탕스로 활동하면서 철저한 공산주의자, 유물론자로서의 일관적인 입장을 견지했다. 그는 포스트 마르크스주의자로서 마르크스주의에 입각하여 문화현상과 도시공간구조에 대해서 담론을 형성시키면서 일상에서 벌어지는 문화적 현상에 대한 성과를 발표했다. 자본주의 논리가 장악한 일상영역에서 나타나는 인간의 소외와 일상의 통제 권력이 투사된 상황과 공간들을 탐구했다. 그는 인문적인 내용과 도시문제에 대해서 다양한 학문적 분야와 접목시켜 설명하는 독특한 관점을 선보였다. 저서에 『카를 마르크스의 사상』(1947),『언어와 사회』(1966) 건축공간분야와 관련하여 『일상생활비판 I, II, III』(1947, 1962, 1981), 『현대세계의 일상성』(1968), 『공간의 생산』(1969),『리듬분석』(1971) 등이 있다. 일상의 이데올로기적, 계급 분리적, 자본 축적적 기능에 주목하면서 도시에서의 계급갈등이나 사회경제적 불평등이 공간에 어떻게 투사되어 구체화되었는가와 후기 자본사회에서 자본주의 체제의 계급모순과 불평등의 문제를 어떻게 가시적으로 혹은 비가시적으로 강화했는지를 고찰하고 있다. 일상의 통제에 대한 담론을 마르크스주의에 입각하여 전파하여 후에 카스텔, 하비, 소자 등 캘리포니아 학파로 알려진 도시지리학 및 도시사회학 분야에 많은 영향을 끼쳤다.

데이비드 하비 David Harvey, 1935–

도시지리학자. 대학교수. 마르크스주의 인식론적 기초하여 자본주의적 근대도시가 수행하는 이데올로기적, 계급분리적, 자본축적적 기능에 주목했다. 그는 도시내 계급갈등과 사회적 불평등이 어떤 방식으로 도시지리학 분야에서 투사되어 구체화 되었는가에 대해서 지속적으로 관심을 가지고 연구했다. 또한 동시대의 지구화와 자본의 흐름이 도시지리에 어떠한 영향을 미치면서 불평등과 양극화가 가속

5. 데이비드 하비 초상

화되고 있는지에 대해서 연구해왔다.

하비는 르페브르, 카스텔의 영향을 받아 생산문제와 집합적 소비로 인해 변화되면서 이러한 현상이 고착화되는 건조환경의 매커니즘을 연구하여 제 2차 세계대전 이후 경제성장기의 산업화와 도시화를 통해 자본주의가 그때까지 완전히 장악하지 못했던 일상의 영역을 식민화는 과정에 대해서 연구했다. 그의 이러한 연구방식은 많은 지지와 관심을 받으며 정치경제학파라고 불리는 캘리포니아 학파를 만들어냈다. 일상영역에서 그가 분석하고자 했던 것은 자본주의 논리가 장악한 일상영역에서 나타나는 인간의 소외문제였다. 일상성은 자본주의 체제가 만들어낸 새로운 사회현실이다.

여섯 번째 주제 건축 및 도시의 통제와 관리담론

6권에서는 '건축의 관리 및 통제성'이라는 주제를 논의하고자 한다. 이와 관련된 철학자는 푸코 및 프랑크푸르트 학파의 계보 중 2세대 하버마스의 논의와 르페브르 및 캘리포니아 학파의 담론 등이다. 우선, 푸코는 권력적 요소가 공간에 어떻게 투사되고 구현되고 있는지에 대한 근본원인을 분석하기 위해 특정시설들이 어떻게 발생하고 오늘날의 모습으로 발전해 왔는가를 계보학[1]적으로 연구했다. 그의 사유는 건축과 관련된 각론적 시설 분야에서 참고하여 사유해야 할 부분들이 많다. 또한 그는 포스트모던적 도시 및 현상에 대해서 논의하면서 '헤테로토피아'의 개념을 만들었다. 이 개념은 도시구조 및 지리, 건축분야에서 후기구조주의적 현상과 관련하여 연계시켜 오늘날까지도 활발히 담론화 되고 있다. 포스트모더니티의 사회현상들을 살펴보면서 문화적 산업적 구성이 이후의 권력 및 통제구조를 어떻게 변화시켜 왔으며 건축공간과 도시공간 내에 어떤 변화를 가져오게 되었는가에 대해 살펴볼 필요가 있다.

세기말을 지나 현재 건축계에서는 다양한 흐름의 다원적인 표현의 건축경향이 펼쳐지고 있다. 이러한 흐름에는 더 이상 획일적인 이데올로기가 존재하지 않고 그것에 영향을 받지 않는 것처럼 느껴지기도 한다. 그러나 사회를 이데올기적으로 몰아가는 세력과 움직임은 여전히 존재한다. 다만, 직접적으로 눈에 띄게 드러나느냐 아니면 유연하게 변화하여 교묘히 숨겨지면서 이면에서 오히려 더 강력하게 작용하고 있느냐의 차이가 있을 뿐이다. 이번 주제를 살펴보면서 그러한 움직임이 더욱 정교하고 교묘한 방식으로

1) 계보학은 특수한 징후들을 만들어 내는 힘들에 대한 연구를 말한다. 이는 한 시대의 어떤 담론의 형성과 시대의 변화에 따른 그 담론의 변화를 가능하게 하는 조건들 가운데 특히 권력의 작동에 초점을 맞추어 담론을 권력의 차원에서 설명하고자 하는 방법이다.(선샤인 논술사전, 2007.12.17, 인물과사상사)

두드러지게 드러나지 않으면서 공고화되고 있음을 확인하게 될 것이다. 또한 이러한 사유들을 통해 건축 도시환경에서 포스트모더니티 사회의 일상의 권력화가 공고해지고 불평등의 공간화가 가속화되는 현상을 확인할 수 있을 것이다. 포스트모더니티의 생산과 소비순환구조의 변화와 세련된 통제의 정교한 구조화 상업공간의 논리 등을 살펴보면 후기 자본주의 사회의 건축적 통제현상들의 면면들과 진화과정들을 이해할 수 있을 것이다.

또한 독일 프랑크푸르트 학파의 대표적 철학자인 하버마스는 아도르노, 호르크하이머가 프랑크푸르트 학파 1세대를 만든 이후, 이들의 학맥을 잇는 2세대 철학자로 불리고 있다. 사회 철학을 추구하는 이 학파의 의견 중 특히 하버마스의 경우, 현대의 '공공공간의 축소경향'을 통해 기존 논의의 연장선상에서 6권의 담론과 관련하여 생각해볼 점이 많다.

그에 따른 건축적 화두를 살펴보면 다음과 같다.

- 푸코의 통제담론은 무엇인가?
- 생산양식의 및 소비양식의 변화가 관리 및 통제양식에 변화를 준 것은 무엇인가?
- 포스트모더니티의 특성과 통제와의 관계는 무엇인가?
- 유연적 생산체계와 통제는 어떠한 변화가 있었는가?
- 유연적 생산 및 소비체계와 공간구조의 변화는 어떠한 관계가 있는가?
- 디지털 시대의 통제체계는 어떤 방식으로 진화하고 있는가?
- 헤테로토피아는 어떤 공간인가?
- 하버마스의 의사소통이론과 공공영역의 담론과 어떠한 상관관계가 있는가?
- 르페브르의 일상의 통제개념과 공간개념은 무엇인가?
- 시공간의 압축현상과 일상의 길들임은 어떠한 관계가 있는가?
- 진정한 의미의 사회적 공간은 어떤 것이어야 하는가?
- 상업화와 감시와 통제체계는 어떠한 관계가 있는가?

등을 구체적으로 사유해보도록 할 것이다.

PART 1 통제담론과 일상세계의 식민화

통제담론과

PART 1

일상세계의 식민화

푸코의 통제담론과 유연적 생산구조 및 소비양상

인간이 벽을 세웠다는 것 자체는 세우기 이전에 그 벽을 세우기 위한 의도가 있었음을 말해준다. 건축물과 도시구조에는 그러한 의도와 욕망이 공간에 투사되어 물리적으로 직, 간접적으로 드러나게 마련이다. 농장에 울타리와 철조망을 설치하는 비교적 간단한 작업의 경우라도 건축과 관련된 분야에서 시간과 노동력과 비용이 소요되는 일에는 반드시 그 일을 하게 되는 작업자의 의도가 숨어있게 마련이다. 이와 관련하여 공간통제와 연계된 직접적인 사례를 찾아보면, 건축은 필요에 따라 벽과 문이라는 요소를 통해 출입을 통제함으로써 사회적 관계와 힘의 균형, 권력의 의도를 드러낸다. 의도에 따라 개방하거나 폐쇄할 수 있고 완전히 막아버릴 수 있는 담과 문이 있다는 것은 굳게 닫혀진 성이 있고 그 영주의 의도에 따라 성의 문을 개폐할 수 있는 권력이 있음을 우리가 인식할 수 있듯이, 건축적 요소라는 것 자체가 권력과 밀접한 관련이 있다는 것을 암시하는 것이다. 푸코는 권력적인 건축적 요소들이 어떤 식으로 발전해 나갔으며 새로운 권력의 공간들이 어떻게 탄생했는지에 대해서 계보적으로 연구를 수행했다. 푸코의 구조주의적 연구과정을 살펴보면 역사적으로 통제와 관련된 시설들이 어떻게 탄생하고 발전하게 되었는지에 대해서 이해할 수 있다. 그가 주장하기로는 이성의 거대담론이 생겨난 이후에 근대적 격리 및 수용시설이 탄생했고 권력체계에 의한 감금과 수용, 격리의 시대가 도래했다고 주장한다.

6001 미셸 푸코의 통제담론

푸코는 구조주의 철학자로 분류된다. 동시에 후기구조주의 철학자로 분류되기도 한다. 푸코는 이성의 시기 이후에 권력이 직접적으로 작용하는 건축시설들을 계보적으로 연구하면서 인류 공통으로 권력이 작용하고 통제가 작용하는 건축유형(시설)의 변화과정에 대해서 고찰했다. 여기서 계보적이라 함은 무언가가 생기게 된 시초와 과정을 추적하여 현재에 어떠한 영향을 끼치게 되었는지를 살펴보기 위해 역사적으로 고찰하는 것이다. 이러한 내용은 3권에서 살펴본 구조주의적 사고와 일정부분 밀접하게 관련이 있다. 오늘날 일반적인 시설로 인식되는 시설들이 어떻게 발생하고 발전되면서 구조화가 성립되었는가를 역사적으로 고찰하기 때문이다.

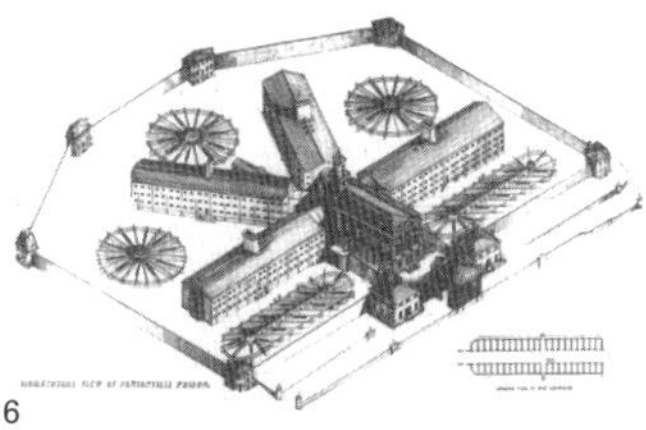
6

푸코는 정상/비정상론에서 이성주의가 서구 사회를 지배하기 시작한 17세기에 이르러 갑자기 서구 사회가 이성을 잣대로 인간을 정상과 비정상으로 가르고 비정상으로 분류되는 '광기'가 언급하지도 못하도록 감금해버렸다고 보았다. 그는 저서『지식의 고고학』에서 지식의 기준이라고 할 수 있는 '에피스테메episteme'라는 개념을 통해 각 시대나 사회마다 에피스테메가 다르므로 정상과 비정상을 구분짓는 경계선도 시공간에 따라 다르다고 주장했다. 푸코는 특정한 시대를 지배하는 인식의 무의식적 체계, 혹은 특정한 방식으로 사물들에 질서를 부여하는 무의식적인 기초를 에피스테메라 했고 그것은 결국, 일정하게 규정된 시대의 과학들 사이에서 그들을 담론적 형성

6. 근대적 수감시설인 펜톤빌 교도소의 조감도
7. 펜톤빌 교도소의 운동시간의 모습

의 수준에서 분석할 때 발견할 수 있는 관계들의 집합으로 볼 수 있다.

푸코가 이야기하는 주제 중에는 '감금'하고자 하는 욕망의 복잡한 권력관계, 육체의 담론이 있다. 푸코는 욕망을 통해 대상을 분류하고 도표화하고 체계화되면서 권력화 되는 과정과 그 이면에 숨어있는 의도 등을 간파하기 위해 노력했다. 푸코는 도시를 살아가는 시민들은 '일상'이라는 이름의 '리듬'을 통해 훈육되고 통제되는 시스템 하에 놓여 있음에 주목했다. 권력의 의도가 투사되어 있는 공간인 도시는 거대한 감시권력의 공간이 되고 있으며 이것은 달리 말해 거대한 판옵티콘 속에 수용되어 있는 죄수의 모습과도 유사하다. 또한 도시적으로 계급이 분화되어 자신의 영역을 구축하거나 이주하여 요새와 같은 배타적인 주거단지를 만드는 현상이 포스트모던 사회에서는 보편적인 양상으로 나타나고 있다.

시대적 구분	대상	사회적 인식 및 수용공간	주요사건
고대	"신들린 사람"	**일반사람들과 함께 거주** • 신들림과 질병은 같은 종류로 인식 • 아픈 사람으로 취급받아 사회에서 공존하는 존재로 받아들여짐	
중세	나병환자, 광인	**구빈원** • 신들린사람(선과 악의 대립적 요소 내포)	
르네상스 시대 (15세기후반~16세기)	성병환자, 광인	**구빈원** **자유로운 복역수(바보들의 배)** • 격리의 대상으로 인식 • 도덕적 의미와 윤리적 중요성을 강화한 조치(사회기강 확립조치)	
고전주의 시대 (1650~1800) 1656년"대감금"	광인, 부랑자, 극빈자, 술주정뱅이, 범죄자, 걸인,광인	**구빈원(프랑스와 유럽전역)** **교화소(독일, 영국)** • 광기 인식이 부정적으로 변화 • 공권력에 의해 시스템적으로 자유박탈 • 억압과 속박의 대상으로 전락(제도화 정착)	'대감금' 왕의 칙령. 파리 병기창과 상이군인 병원을 "구빈원" 시설로 전용.(1656) 프랑스 전국 모든 도시에 '구빈원' 설립 및 유럽 전역에 전파(1676)
근대18c~19c	정신병자	**요양원, 정신병원** 치료의 대상, 정신질환으로 고정 (정신의학의 시초, 근대적 정신병원)	정신의학의 탄생(1826) 근대적 정신병원의 태동(1850~70) 정신병원의 탄생과 정신의학의 탄생, 광인들의 권력의 억압 (18세기 말) 프로이트' 정신분석학 창시. 요양원구속 사라짐(19세기초)
현대20c~	정신질환자	**요양원, 정신과 의원** 정신의학의 전성기	정신의학의 전성기 5월 혁명이후 정신의학이 다시 각광을 받음(1968)

푸코는 정신병리학이 발생한 배경은 광기를 배제함으로써 정상인의 사회를 테두리 짓고 정의하려 한 역사적 과정의 산물이라고 생각했다. 이성의 시대의 시대정신은 그들이 관리, 통제하는 기술을 체계화하여 권력의 체계를 공고하게 완성한 것이었다. 그것은 진리나 과학이라고 할 수 없고 진리나 과학이라는 이름 속에 객관화시키는 가면을 쓰고 억압하는 구조를 만들어내는 것이라는 의미를 내포하고 있다. 앞의 표는 고대로부터 현대에 이르기까지 격리 및 수용공간의 변화양상 즉 인식의 변화양상을 나타낸 것이다.

앞의 표를 보면 근대에 이르면서 이러한 분류에 따른 감금의 제도적 권력화가 이루어져 가고 있는 흐름을 확인할 수 있다. 정신병원의 생성역사를 살펴보면 대감금의 칙령으로 인해 분류의 최초기준이 생기게 되었는데, 이런 기준을 중심으로 구빈원이라는 시설이 탄생하면서 사회약자들을 구속하고 억압할 수 있는 기준이 만들어지고 있음을 확인할 수 있다. 이 시기에는 정신의학의 발달에 따라 정신병자도 소위 '정상인들'과 격리시키게 되었다. 이것은 이 당시 유행하던 계몽주의의 영향을 받아 이성과 비이성의 분류에 기인한 것이었다. 데카르트 사유 이후 주체와 객체의 명확한 분리와 함께 이성적 분석을 통해 주체와 객체의 폭력적 분리현상이 일어나게 되었다. 이것은 이성에게 분류주체의 권위를 세워주게 하여 통제할 수 있는 권력을 부여한 것이나 마찬가지였다. 특히 이성의 승리라고 말할 수 있는 혁명기 이후 정신의학은 더욱 권력화 되어 의사들의 권위가 절대적인 것으로 변화되었고 그들 정상과 비정상을 판단하여 제도적으로 비정상을 분리 및 격리시킬 수 있는 권력을 부여받게 된다. 이후 정신병동은 더욱 세력을 확장하게 된다.

푸코가 사례로 들고 있는 수용시설의 탄생에서 다음의 8칸의 수용시설은 처음으로 감금의 역사가 시작되었을 때 '구분된' 감금시설의 구조를 살펴볼 수 있다.[2)]

1	2	3	4
5	6	7	8

이렇게 이성이라는 허울 아래 정상과 비정상을 구분하고 구분하는 주체를 설정시킴으로써 권력을 생성시키고 이를 통해 감금이라는 폭력을 행사할 수 있도록 권위를 부여하게 되는 과정을 살펴보면 이성의 시대의 구분과 통제의 시스템을 이해할 수 있다.

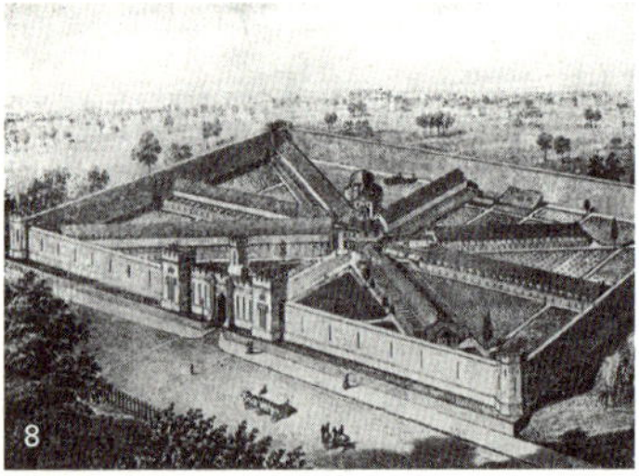

포스트모던 시대로 통칭되는 오늘날의 '시공간의 압축'이 강화되는 현상은 일견 공간의 축소, 해체, 통합을 불러오는 현상으로 보일 수 있지만 그 이면에서 벌어지는 공간의 분열과 차별화, 이질화를 동시에 촉발시키고 있음을 인식할 필요가 있다. 공간의 구분과 차별화, 이질화를 통해 권력은 더욱 세련되고 교묘한 방식으로 일상생활의 공간영역에 침투하여 관리 및 통제하고자 하는 욕망이 투사된 불평등의 공간이 세련되게 진화됨을 푸코는 담론화 하고 있다.

푸코가 이야기하는 '헤테로토피아적 공간'은 공간의 해체가 '공간의 동질화'를 불러오는 것이 아니라, '공간의 이질적인 요소들을 병렬적으로 결합하는 현상'을 심화시킨다는 점을 상기시켜주고 있다. 헤테로토피아는 하나의 실재하는 장소에 여러 공간들, 즉 그 자체로 양립불가능한 여러 가지 공간을

2) 첫 번째 칸은 귀족이나 왕족들 중의 죄수들이 수감되는 선의의 구제소. 두 번째 칸은 징벌을 위한 탑으로서 왕의 칙령에 의해 규정된 광인과 죄수, 그리고 억류자. 세 번째 칸은 종합병원-빈곤층 병약자, 노인, 걸인, 매춘부, 매독환자, 정신병자, 저능아, 정신 착란증, 간질병자, 4번은 비천한 아이들, 5번은 감금지- 시립교도소, 6번은 자선병원- 매춘 등을 한 자 등의 근신장소, 7번은 신의 집- 병든자, 군인, 무연고자, 8번은 비천한 아이들을 수용했다.

8. 1856년 펜실베니아의 근대적 교정시설

9. 두건을 착용한 남, 여 당시 죄수의 모습

병치시켜서 발생하는 우연적 요소들을 중시한다.[3] 이는 앞서 5권에서 언급했던 막스 에른스트의 작업이나 초현실주의적인 병치를 통해 무의식의 연산작용에 이르게 하고 다양한 프로그램이 넘나들고 교차하게 만드는 다원적 흐름의 구조와 유사하다. 예를 들어 수술대와 재봉틀은 전혀 다른 성격의 사물이지만 이것이 동시에 배치(병치)되어 있을 때 공간의 성격은 한마디로 말할 수 없는 다차원적인 느낌이 들 수 있으며 새로운 공간의 글쓰기가 가능해진다. 이에 대한 내용을 앞서 5권에서 살펴본 바 있다.

10

3) 현존하고 있는 현대 건축공간의 대부분의 기능은 이러한 기능들의 양 극단적이 배치 상에서 병치되어 있다. 재현적인 측면에서 보면 그것은 '타자의 공간'을 창출하는 것이다.

10. 19C중반 Surrey 교도소 내부 전경

푸코는 그러한 권력이 행정적 배경에서 현대적 제도를 통해 전형적으로 존재함을 주장하고 있다. 감시와 등록의 권위, 정상 상태를 진단하고 격리조치를 취할 수 있는 권력을 부여받은 전문가는 형벌의 현대적 수단으로서 기능한다. 푸코는 그 감옥이 공장, 학교, 병영, 병원과 유사하고 또한 이 모두가 감옥과 유사하게 변해가고 있음에 주목하여 계보적으로 시설 및 제도를 연구했다.

근대의 성적 사유의 발전과 시민계급의 성장, 과학의 발전 등은 결국 시민계급의 자본성장을 가져왔고, 그것은 아울러 신흥 자본가의 목소리가 커지는 과정이었다. 모던의 생산체계는 자본의 통제방식이라고 달리 이야기 할 수 있다. 포스트모더니티와 포스트모던 구조는 4권에 살펴본 바와 같이 후기산업시대로 들어가면서 유연적 생산구조로의 변화가 이루어지면서 좀 더 세련된 통제방식으로 변화했다.

이처럼 이성의 시대 이후, 조직적, 과학적 관리, 분리, 구획의 공간시스템과 권력의 공간과 시설이 정교화되었다. 이성의 시대 이후 감시와 통제의 직접적 시설인 구금시설(교정시설) 뿐만 아니라 일상의 영역에도 직, 간접적인 통제의 공간화와 시스템화가 이루어졌는데, 그것은 일상영역에도 권력의도가 투사되어 식민화되는 현상을 의미한다. 생산영역은 사적영역으로 개인의 사적 권력의지가 투사되어 공고화되기 쉬운 장소이지만, 포스트모던 시대에 들어 일상의 소비 및 공적 영역에도 이러한 통제의 의도가 유연하게 삽입되고 투사되어 식민화되는 현상이 일반화되었다. 이제 직접적 통제의 공간 이외에 이러한 관리 및 통제의 시스템이 공간에 어떻게 투사되어 구체화되는지에 대해서 살펴볼 필요가 있다.

6002 생산양식의 변화와 소비양식의 변화(관리 및 통제의 변화)4)

경제의 모습은 유기체와 같은 성격을 띠고 있다. 경제의 주체가 바로 인간의 욕망에 근거하여 작동하기 때문에 욕망의 대리적 물성화가 된 공간의 성

4) 6002, 6003, 6004의 내용은 임기택, 현대건축의 경계해체적 경향에 관한 연구, 홍대 박론, 2007, p53-57부분인용한 것임.

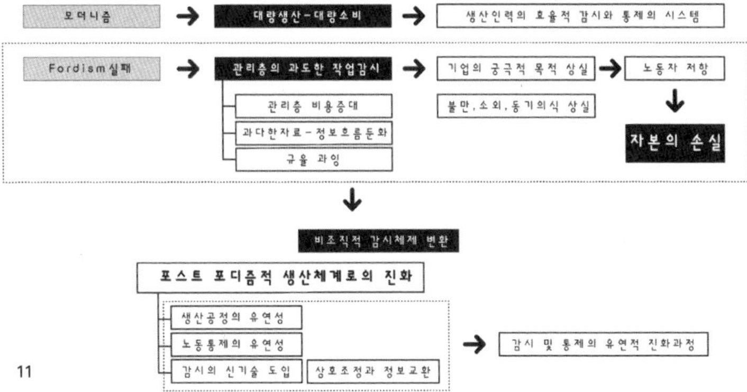

11

격과 표현은 그러한 힘과 의지가 반영하게 되므로 욕망의 흐름에 따른 진화의 과정을 거치게 마련이다. 진화란 어떤 것이 시간을 거치면서 다른 것으로 변하는 것, 또는 한 체계가 내생적으로 생성된 변화에 의해 시간이 흐르면서 변형되는 것을 의미한다. 산업혁명으로 대표되는 포디즘은 생산과 인력의 효율적인 감시와 통제의 시스템이 되어 획기적인 대량생산을 이끌어 갔으나, 점차적으로 과도한 작업감시와 관리층의 비대화에 따른 정보효율이 둔화와 규율과잉으로 기업의 궁극적 목적을 상실시키고 불안, 소외, 동기의식의 상실을 가져왔다. 이것은 대단위의 노동자 저항을 야기시켰으며, 사주에게 실로 엄청난 자본의 손실을 주었다.[5] 이것이 바로 조직적 통제와 감시의 기제에서 비조직적 감시체계로의 변환된 것이며 필요에 의해 자연스럽게 변화되게 된 계기가 되었다.[6] 이른바 비조직적(유연적) 감시 및 통제 체제로 진화된 것이다. 이렇게 이성의 시기의 직접적인 통제의 방식과 공간구조는 20세기 중반에 이르러 심각한 위기를 경험하게 되었고 저항이 덜하면서 더욱 효과적인 방식의 통제 시스템을 개발할 절실한 필요성을 인식하게 된다. 이후의 방식은 좀 더 오랜 기간 동안에 더욱 효과적인 통제 및 공간구조로 혁명적인 변화를 이루게 되었다.

11. 유연적 생산구조 현상의 변화원인
5) 전자감시사회, David Lyon, 한국전자통신연구소, 1994, p187
6) 비조직적 감시는 생산공정의 유연성, 노동통제의 유연성, 감시의 신기술 도입,
상호조절과 정보교환으로 요약될 수 있으며, 이것은 감시 및 통제의 유연적인 진화의 과정으로 설명할 수 있다.

이것은 진화과정에서 자급자족보다 유연적 분업(경계해체)의 생산구조가 보다 효율적이고 대처능력이 뛰어난 생산의 유연성을 획득한다는 의미를 가지고 있다. 과거의 조직은 한 공간 및 조직으로 상품생산에 필요로 하는 모든 자산을 구비하고 있었으나 네트워크 조직은 여러 곳에 흩어져 있는 여러 기업의 자산이 창출하는 부가가치를 연결하여 공동으로 이용하게 됨을 보여준다. 각 주체는 상호간에 의존관계가 있다는 사실을 인식하여 다른 주체와 정보와 기술을 공유하고 협력한다. 그들은 네트워크의 연결망 속에서 자신의 지위를 확보하고자 자신의 작업을 전문화하게 된다. 흔히 이야기하면 아웃소싱outsourcing이 그것인데, 오늘날의 사회에서는 한 조직이 어느정도의 아웃소싱 비율을 가지고 있는가로 그 기업의 효율성을 판단하는 기준으로 작용하고 있는 것이 현실이다. 하도급 계열 업자는 과거처럼 단지 계약상의 의무만을 완수하려는 데에서 벗어나 전체 네트워크에 기여하려고 적극적인 역할을 자발적으로 수행한다.[7] 단순한 갑甲과 을乙의 관계로만 볼 것이 아니라 공동운명체로서의 역할관계로 재정착되고 있다.

6003 유연적 생산체계로의 변화

포디즘은 '강화된 독점 자본에 의해 강화된 헤게모니의 물적양식'으로 이해할 수 있다.[8] 2차 세계대전 후 번창한 포디즘은 앞서 언급한대로 70년대에

7) 경제본능론, 유동운, 북코리아, 2002, p 281
8) 자동차 생산 공장의 컨베이어벨트 시스템에서 유래한 것으로 조립라인 및 연속공정 기술을 이용한 표준화된 제품의 '대량 생산과 대량 소비의 축적체제'를 일컫는 말. 헨리 포드가 'T형 포드'자동차 생산 공장을 지은 이래, 산업 사회는 컨베이어벨트 시스템이 도입된 공장을 채택했다. 그리고 이러한 포드 모델과 같은 기계화된 대량 생산 체제를 '포디즘'이라고 이름한 것이다. 포디즘 또는 포드주의란 조립라인 및 연속공정 기술을 이용한 표준화된 제품의 대량 생산과 대량 소비의 축적체제를 일컫는 말이다. (시사상식사전 부분 인용)

12. 포드공장의 콘베이어벨트 13. 포드공장의 조립라인

들어서면서 자체의 한계에 봉착했고 그에 따라 다양한 위기증상이 표출되었다. 케인지안적인 간섭주의[9]의 역할로부터 후퇴하면서 한마디로 '신보수의적 탈규제주의'적 역할을 새롭게 하고 있는 추세이다. 이 같은 국가역할이 축적체제에 유연성을 불어넣는 가장 중요한 제도적 조건이 되고 있다. 여기서 우리는 욕망의 흐름에 따른 배치로 인해 유연하게 기계적인 생산체계가 진화해나가고 있음을 확인할 수 있다. 이러한 내용은 7권의 들뢰즈의 철학사유에서 살펴보도록 할 것이다.

	포디즘 특성	포스트포디즘 징표[10]
〈기술의 패러다임〉 기술의 사용	조립라인 기술 기계속도에 조응된 과업(경직적)	로봇체제, 컴퓨터, 신정보기술, 텔레커뮤니케이션(유연적)
상품생산의 주도적인 방식과 입지	소비재의 대량생산 도시중심지에 연결된 광역의 공업지역	소량생산의 증가, 컴퓨터에 지원되는 유연적 자동화의 증가, 소매집약적 (주문제와 같은) 생산제의 확산, 서비스부문의 성장, 하이테크 산업의 성장, 신산업공간, 구도심지의 재개발
노동조직의 체제	임금관계의 일반화 과업의 표준화를 통한 노동조직화 집단적 교섭	'핵심'과 '주변부' 노동집단간의 구분의 심화 집단적 교섭과 노조의 약화 지방호, 부문화된 교섭의 증대
〈축적/산업조직〉 사업조직의 지배적인 방식	대기업의 주도적인 역할 위계적이며 통합적인 조직 경영에 대한 접근: 집중화, 세부화, 기획규모의 장점추구	소규모사업(체)의 역할증대, 대기업부문으로의 집중/집적의 진전 프랜차이즈와 하청의 확산 (네트워크의 역할 증대) 경영에 대한 접근: 전략적인 집중통제, 전술적인 분산
소비방식	신용제도에 의해 지원되며 광고에 의해 촉진되는 소비재의 대소비	파편화된 소비자층에 대한 인식의 확산 개성적인 생활양식의 등장에 부응하는 시장전략과 신상품전략
<헤게모니 구조> 국가의 역할과 활동	경제관리와 복지지원이 중추적인 역할 (보조금 지원 국가) 규제 집중화	기존의 경제/사회적 역할이 도전을 받음 새로운 축적체제로의 이행을 지원하는 것이 중추적인 역할('기업가적' 국가) 탈규제와 분권화, 지방화
문화/이데올로기	소비문화 / 모더니즘 / 계급혁명	여피(Yuppie)문화 포스트모더니즘 신사회운동

9) 케인즈 경제학은 공공 부문과 민간 부문이 함께 중요한 역할을 하는 혼합경제를 장려한다. 이는 시장과 민간 부문이 국가의 간섭이 없는 상태에서 가장 잘 작동한다고 주장하는 방임주의적 자유주의와는 다르며 방임주의의 실패로 여겨지는 문제점들을 해결하기 위해 개발되었다. 그는 1930년대의 높은 실업률과 디플레이션에 대해 거시적인 규모에서 대처하기 위해 정부가 정책적으로 소비를 유도해야 한다고 주장했다. 불황 시기에 정부가 지출을 늘리면 보다 많은 돈이 유동되므로 시민들의 소비와 투자가 유도되어 경제가 정상 상태를 회복한다는 것이 케인즈의 주장이다.

10) 조명래, 포스트포디즘과 현대사회 위기, 다락방, 1999, p73표 인용

포스트포디즘의 공간화는 대공황 이후 대규모의 수직적 위계로 통합된 산업생산체계, 대량 소비주의와 불규칙하게 뻗어나가는 교외화, 복지국가의 케인즈주의 중앙계획, 기업독점의 증가 등으로 굳어진(단단한 것) 축적체제에서 좀 더 유연하고 복합적인 조절양식의 이행을 특징짓기 위해 '포스트포디즘' 이라는 용어를 사용하기 시작하면서 학문적 특징이 구체화되었다. 모더니즘은 대량생산과 소비를 위한 효율적인 생산인력과 시스템에 대한 감시와 통제의 역사와 맥을 같이 하고 있다. 포디즘 실패의 중요한 요인은 앞의 표에서 전술했던바와 같이 과거 작업장에서의 관료적인 관리의 어려움이 특히 대기업에서 급증했기 때문이다.

모더니즘은 대량생산과 소비를 위한 효율적인 생산인력과 시스템에 대한 감시와 통제의 역사와 맥을 같이 하고 있다. 포디즘 실패의 중요한 요인은 과거 작업장에서의 관료적인 관리의 어려움이 특히 대기업에서 급증했기 때문이다. 이것은 결국 자본가에게 피업 등의 마대한 자본손실을 가져왔다. 결국, 포스트포디즘의 통제시스템 변화는 이성적이고 합리적인 통제시스템의 한계와 문제점을 극복하기 위한 불가피한 변화였던 것이다.

오늘날 포스트포디즘 형태의 새로운 생산방식은 기술적으로 볼 때, 극소전자 기술을 사용함으로써 물품 생산과정에 유연성을 담보할 수 있게 계획된 것이 특징이다. 자율규제를 하게 하여 조직의 규범을 준수하도록 하는 것은 역설적으로 '통제'이다. '오늘날의 감시는 단순한 관리통제가 아닌 자율규제와 예측되는 순응을 야기시키고 있다.'(카스텔) 관리에 있어서 중앙통제가 덜하고 보다 유연적인데 반해 포디즘의 통합된 일관작업라인과는 달리 핵심적 생산 공정은 수많은 다양한 입지들에서 개별적인 부분 운영으로 점차 분할되었다. 병렬적인 생산을 통한 자회사의 증가가 보다 높은 유연성을 확보해주며 다른 한편 소유권의 범위를 넘어서는 보다 광범위한 하청으로 거대 복합기업의 중요한 거래가 확대되고 있다.

	경제체계	생물체계	유전자 체계	건축적 체계 적용가능성
주체	개인	유기체	유전자	개인, 법인, 이익집단
이기적 집단	기업, 협회	공리공생 집단	-	개인욕망의 대리적 물화
경쟁적 집단	산업, 국가	성, 종	유전자형	산업, 국가의 목적에 따른 대리적 성격
초집단	사회	생물계	유전자 풀	도시
목적함수	선호	재생산을 위한 생존	-	
행동원칙	최적화	적응	-	효율성, 기능, 구조, 미, 경제성
기회	생산, 시장교환, 범죄,전쟁	자원 채취, 상생, 먹이탈취, 전투, 재생산		생산과 소비, 재생산을 위한 공간 생성
경쟁적 선택원칙	경제효율	우수한 적응성		경제효율과 적응성

-경제진화와 조직의 진화

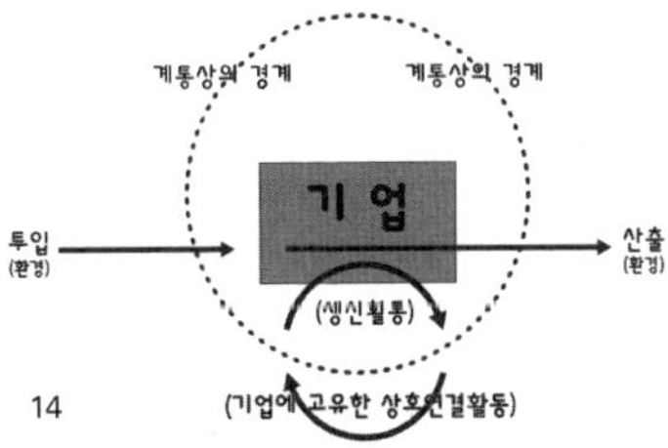

14

진화란 어떤 것이 시간을 거치면서 다른 것으로 변하는 것, 또는 한 체계가 내생적으로 생성된 변화에 의해 시간이 흐르면서 발전적으로 변형되는 것을 의미한다. 다시 말해 외부 변수를 접하면서 자체적인 재구조화를 통해 주위환경에 적응해서 발전하고 있는 것이다. 경제학과 생물학, 특히 사회생물학에서 기본적으로 채택하고 있는 개념은 상당부분 서로 유사하다. 가령 시장 매커니즘으로 알려진 현대의 경제제도(유기체)는 상품을 생산하고 분배하는 일(생존)을 보다 효율적으로 촉진시키려고 자연적으로 선택된 진화의 산물(유기체)로 볼 수 있다.[11] 협의의 진화는 전반적인 변화로서 변하지 않는 구조(제도, 기호, 기술수준)의 지속적인 변화율을 의미하며 경제성장을 통해 경제발전을 만들어 나가게 된다. 시대의 여러가지 요인에 따른 필요사항에 따라 경제적 요소가 진화되며 바뀌어 나가듯, 원활하고 안정적이고 예측가능한 생산과 소비의 시스템으로의 진화는 자연스럽게 도시공간구조와 건축의 생산 및 소비공간 구조를 변화시켜 왔다.

표. 경제체계와 생물체계, 유전자 체계

11) 시오자와 요시노리, 왜 복잡계 경제학인가, 임채성 역, 푸른길, 1999, p177

–네트워크 구조의 최적화 진화[12]

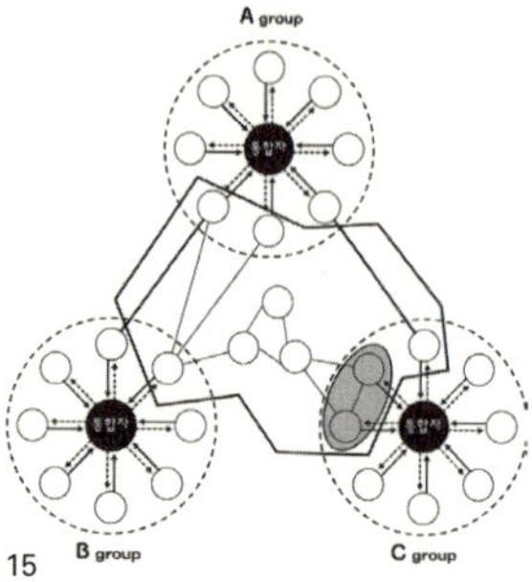

15

상호연결과 통합자에서 이 연결은 이미 기업의 계통적(활동이 반복하여 이루어진다는 의미에서)경계를 넘고 있다. 이런 경우, 생산활동 중에는 기업의 경계를 초월하여 이루어지는 활동들이 있는데 이를 모두 상호연결활동이라고 부른다. 상호 연결활동은 기업의 경계내부에서 이루어지기도 하지만 기업의 경계외부에서도 이루어진다. 이 중에서 기업의 경계에 의존하지 않는 상호 연결활동의 묶음을 네트워크라고 부른다.[13] 이렇듯 기술과 함께 기업조직의 진화는 결국 기업존재의 근본목적인 자본의 효율적 집적과 가속화를 위해 조직자체와 행위자체를 더욱 유연하게 효율적으로 네트워크화 되어 여러 상황에 빠르게 대처할 수 있는 구조로 진화해 나가는 것이다.

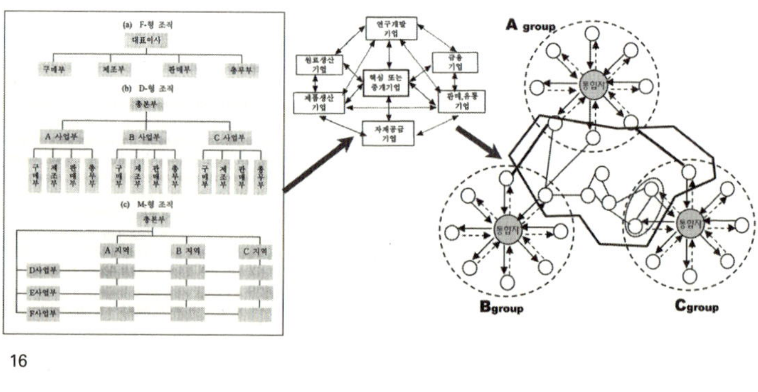

16

12) 그림 15, 16은 유동운, 경제진화론, 선학사, 2000, p251의 그림 응용 편집한 다이어그램임

13) 경계가 없는 상호연결활동이 네트워크인데 다행스럽게도 기업에는 경계가 있기 때문에 기업이란 경계를 가진 네트워크처럼 보인다. 경계를 설정하는 자율조직을 통합자Integrator라고 부르고 이것은 기업간의 경계를 이루는 기본단위가 된다.

15. 통합자와 네트워크 연결

16. 기업구조의 진화양상

조직	특색[14]	응용분야	확장의 한계	변화의 한계
F형	예산과 계획을 통해 중앙에서 통제되는 전문화된 자산	표준화된 재화와 서비스의 효율적인 생산	전문화된 자산을 충분히 가동시킬 수 없는 능력범위 밖의 수직적 통합	중앙계획 기능에 과부하를 초래하는 제품이나 다양한 서비스의 생산
D형	각 부문의 자율적 활동 및 중앙의 성과측정 및 투자	제품이나 지역별로 다양한 서비스 제공	기술적으로 전문가가 없는 영역에 대한 사업의 다양화 및 취득	부문간의 효율성을 유지하려거나 조정을 강요하는 중앙의 간섭
M형	표준적 재화 및 특수 고객용 재화의 이중생산	표준품 생산과 특수 고객용 제품생산을 위한 자산의 공유 국제 담당부문과 국내담당 부문의 자산공유	자원을 배분할 수 없을 영역에까지 과다한 수의 일시적 계약 범세계적인 시너지 효과를 위해 지역의 적응성을 포기	이중역할의 상실 (예컨대, 한 부문이 다른 부문을 압도)
N형	조직분화와 공유-비용절감 및 유연성 증대 (네트워크 체계)	네트워크체계-효율성 증대 자본이익 집적 증대	연계성에 따라 확장가능	

앞의 그림은 전통적 기업의 위계적 생산구조에서 네트워크적 생산구조의 변화과정을 도식화한 것이다. 전통적인 F형 조직과 D형 조직에서는 수직적 계약의 연결망으로 기업이 구성되었으나 이제는 수평적인 상호연결활동을 통해 구성원들의 노동 서비스를 교환하게 되었다. N형 조직(네트워크)의 특색은 과거 기능식 지배구조(F형)나 부문별 지배구조(D형) 그리고 매트릭스 조직(M형)과는 다른 특색을 갖고 있다. 네트워크 조직은 여러 곳에 흩어져 있는 여러 기업의 자산이 창출하는 부가가치를 연결하여 공동으로 이용한다. 이 조직은 자원흐름을 관리하는데 관리적인 프로세스보다는 시장 매커니즘에 의존한다. 각 주체는 상호간에 의존관계가 있다는 사실을 인식하여 다른 주체와 정보를 공유하고 또한 협력하며, 네트워크의 연결망 속에서 자신의 지위를 확보하고자 자신의 작업을 전문화한다. 협력과 상호지분을 공유하는 일이 하도급업체, 제조업체, 무역업체, 그리고 금융업체 사이에 이루어진다. 상호연결활동은 기업의 경계내부에서 이루어지기도 하지만 기업의 경계외부에서도 이루어진다. 이 가운데 기업의 경계에 의존하지 않는 상호 연결활동의 묶음을 네트워크라고 부르고 있다.[15]

14) 유동운, 같은책, p264 표 인용

15) 유동운, 같은책, p261-265 부분인용. 경계가 없는 상호연결활동이 네트워크인데 다행스럽게도 기업에는 경계가 있기 때문에 기업이란 경계를 가진 네트워크처럼 보인다. 경계를 설정하는 자율조직을 통합자Integrator라고 부른다.

과거 경직되어 있고 효율적이지 못했던 대규모 조직이 아웃소싱 되어 규모가 줄어들면서도 효율화 되어가는 진화를 통해 상호 조직들 사이의 안정성과 연계성, 의존성이 더욱 중요해지는 상황이다. 전체의 조직들이 전체를 위해 네트워크의 공고함을 강화시키려고 노력하는 현상이 나타나게 된다. 현재는 한 기업을 판단하는데 있어서 고도화된 자본화의 지표와 특성으로 아웃소싱outsourcing의 비율이 어느정도인가가 기준이 되기도 한다. 협력과 상호지분을 공유하는 일이 하도급업체, 제조업체, 무역업체, 그리고 금융업체 사이에 이루어진다. 이러한 기업의 변화특성의 목적성과 방법론이 변화함에 따라 생산공간과 소비공간에도 영향을 미치게 되었다.

6004 생산양식에 따른 소비공간의 유연적 공간구조 변화

푸코가 이야기하는 '감금' 시키고자 하는 욕망의 개념은 복합적인 권력관계, 육체의 담론을 포함하고 있다. 앞서 언급한 바와 같이, 권력은 욕망을 통해 대상을 분류하고 도표화하고 체계화시키면서 권력화되고 이면에 놓여있는 권력의지가 현실화 과정에서 직, 간접적으로 투사된다.

푸코는 도시의 삶 속에서 감시와 함께 규율되고 통제되는 육체의 리듬(작업장, 학교, 군대, 감옥 등 명백한 감시 권력의 공간)이 존재함으로써 도시공간 그 자체는 '거대한 감시권력의 판옵티콘'으로 기능하게 되었다고 주장한다. 현대의 공간체계는 고차산업의 구조화가 진행될수록 생산 및 소비공간의 감시체계가 진화하고 있는 추세이다. 푸코는 정신병리학이 발생한 배경이 광기를 배제함으로써 정상인의 사회를 테두리 짓고 정의하려 한 역사적 과정의 산물이라고 생각했다.[16] 그들을 다루는 기술을 체계화하여 권력의 체계를 완성한 것이었다. 그것은 진리나 과학이라고 할 수 없고 진리나 과학이라는 이름 속에 객관화시키는 가면을 쓰고 억압하는 구조를 만들어내는 것이라는 의미를 내포하고 있다.

소비공간과 관련하여 아케이드에서 백화점과 쇼핑몰로 이어지는 상업공간

16) 분류하는 과정의 체계화를 통해 정신병원과 정신분석학이라는 권력체계가 완성되고 격리시킬 수 있는 타당성과 사회의 암묵적 동의를 획득하게 되었다.

을 살펴보기 위해서는 원형이 되는 수정궁의 공간구조의 발전양상을 살펴볼 필요가 있다. 수정궁에서 전시공간의 규칙을 지키도록 공간적으로 처음 적용된 것은 19세기 감옥에서 등장한 일망감시의 방법이었다. 판옵티콘의 공간은 비가시적인 객체와 주체가 존재하여 내재적인 감시의 체계가 확립된 공간이었다. 그로 인해 교묘한 통제와 감시가 가능해졌다. 수정궁의 공간과 유동적인 아케이드의 공간은 이러한 일망감시의 건축적 고안물이라고 말할 수 있다. 여기에서는 바로 사람이 사물을 바라보는 1대 1의 관계가 아니라 사람이 사물을 객체로 바라보는 시선과 함께 다중적으로 다른 사람들이 또 다른 사람들을 쳐다보는 것을 느낄 수 있도록 만든다.

–시공간의 압축현상과 일상의 길들임

생산공간의 변화와 함께 소비공간의 변화의 중요한 양상인 시공간의 압축현상은 '시간에 의한 공간의 소멸' 혹은 '자본 축적을 위한 공간적 장벽이 분쇄되는 형태를 취하게 된다.'[17] 핵심적인 조건들은 철도, 자동차, 제트 항공기, 컴퓨터 통신 등과 같은 기술혁신들이다. 이를 통해 흐름을 가속화시킴으로써 시공간의 수렴과 압착을 촉진하는데 기여하고 있다.

다른 한편, 공간의 압착은 이에 따라 공간의 형태, 공간의 성질, 공간의 의미를 급격히 변화시키는 효과가 동시에 나타난다. 공간은 한시성과 가변성을 가지면서 네트워크화되어 공간이 개별적으로 일정한 기능을 갖는 형식성 등이 점차 상실되고 공간이 통합되는 경향이 강해진다. 그래서 공간의 명확한 기능화보다는 가변성이 매우 중요한 덕목으로 자리잡게 된다. 이런 양상은 포스트모던 건축물과 같은 단위 공간구조를 통해 영향력을 끼치게 된다. 자본운동의 가속화는 자본 순환영역 내에 있는 기존의 '단단한 모든 것을 녹여' 매끄러운 흐름으로 재구성하면서 달성된다. 자본순환의 가속화와 관계있는 노동과정, 기술, 상품, 소비방식, 제도, 정치, 행태, 가치, 의미 등은 기존의 형식성과 특성 면에서 보다 '유연하고 가변적인 것'으로 바뀌어가고

17) 이러한 현상은 생산(미세한 분업, 공장합리화, 조립라인, 영토적 분업, 대도시 집적 따위의 일련의 조직), 유통 네트워크(교통 및 통신체계), 소비(가구 및 내수계획, 지역사회조직, 도시에서 주거지 분화, 집합적 소비 등) 등의 공간이 효율적으로 재조직화 되는 것이다.

있다.[18] 이러한 공간은 렘 콜하스가 말하는 정크스페이스[19]의 초공간적, 초시간적인 공간으로서, 내외부의 인지를 불가능하게 하고 끊임없는 연속성을 강조시키는 역할을 하면서 효율성과 통제를 보다 유연적으로 수행하는 공간이다.

데이비드 하비에게 있어서 포스트모던은 포디즘으로 불리우는 '축적 양식'이 위기를 겪으면서 출현하는 포스트포디즘Post-Fordism의 문화적 반영으로 파악하고 있다. 다시 말해 포스트포디즘의 출현은 자본축적의 시공간의 변화를 가져오면서 독특한 문화적 양상과 구조를 형성하게 되는데 이러한 전반적인 사회적 특성을 곧 포스트모더니티로 설명할 수 있다.[20] 이렇듯 시공간의 압축은 '시간에 의한 공간의 소멸' 혹은 '자본 축적을 위한 공간적 장벽이 분쇄되는 형태를 취한다.'이것은 생산(미세한 분업, 공장합리화, 조립라인, 영토적 분업, 대도시 집적 따위의 일련의 조직), 유통 네트워크(교통 및 통신체계), 소비(가구 및 내수계획, 지역사회조직, 도시에서 주거지 분화, 집합적 소비 등) 등의 공간이 효율적으로 재조직화되는 것으로 공간화 되어가고 있다.

포스트모던 시대 이후 시공간의 압축이 강화되는 현상은 공간의 축소, 해체, 통합을 불러오는 듯 보이지만, 그 뒤에서는 공간의 분열과 차별화, 이질화를 동시에 촉발시키고 있다. 푸코가 이야기하는 헤테로토피아적 공간은 공간의 해체가 '공간의 동질화'를 불러오는 것이 아니라, '공간의 이질적인 요소들을 병렬적으로 결합하는 현상'을 심화시킨다는 점을 상기시켜준다.[21] 그러나 이는 전체적인 통합된 통제속에 다양함을 보여주는 쇼핑몰의 공간을 연상시킨다.

–노동조직의 유연성 변화

노동조직에 있어서도 협상과 이익을 위해 단체협상에서 유연적 협상을 위한 조직체계가 변화되었으며 한편으로 기업에서는 업무효율화를 위해 노동구조의 다양화를 통해 업무효율과 비용의 절감을 가져올 수 있도록 하고 있

18) 앤디 메리필드, 매혹의 도시, 맑스주의를 만나다 , 남청수 역, 시울, 2005, p237
19) 수평적으로 무한확장되는 가운데 모든 프로그램이 삽입되어 나타나는 무성격한 공간을 지칭
20) 데이비드 하비, 포스트모더니티의 조건, 구동회, 박영민 역, 한울 아카데미, 1994, p235
21) 끊임없이 확장되는 균일한 공간속에 다양한 프로그램들이 삽입되고 빠지게 되는 것속에서 상업적으로 최적화되는 과정을 거듭하는 과정은 관련없는 다양성에 해당하는 내용들이 병렬적으로 배치되는 듯하게 보인다.

다. 노동조직도 거시적인 시각에서 보면 자신의 이익을 위해 재구조화의 과정, 즉, 유연적체계로 변화하고 있다는 것을 확인할 수 있다. 전국적 수준에서의 단체교섭으로 특징 지워지는 70년대까지의 노사관계에 변화의 압력이 가해졌다.[22] 구상과 실행의 재통합을 통해 기업의 대응은 권한과 책임의 분산, 생산의 분산, 유연한 자동설비의 도입을 통한 생산의 재조직화, 그리고 생산의 지역화regionalization라는 네가지 측면을 포함하고 있다.[23]

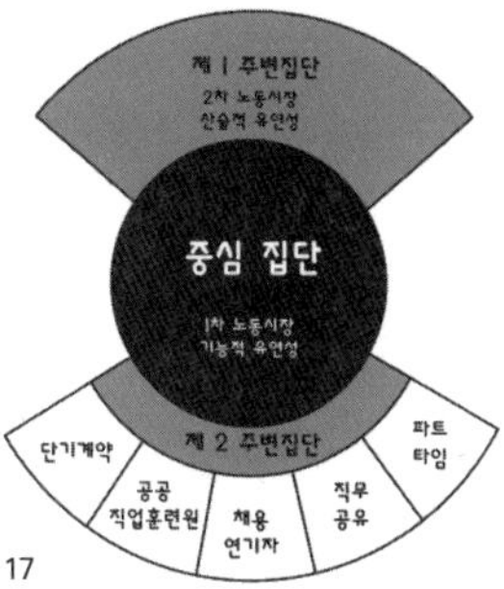

17

포디즘적 노사관계의 유연성을 추구하려는 노력은 기업의 의사결정에 대한 노동자의 참여의 확대와 단체교섭의 분산화라는 형태로 나타났다. 노동자의 참여는 노조의 힘을 분산시키는 효과를 가져오면서, 노동자의 집합적인 연대의 가능성을 더욱 제약하게 될 것이다. 이렇게 되면 자본과 노동의 힘의 관계는 더욱 비대칭적이 될 것이다. 따라서 노동운동은, 자본과의 타협의 지점을 찾아낼 수 있는 전략을 구사해야 할 뿐만 아니라, 그러한 노동운동의 전략으로 인해 분산화된 교섭구조의 확산이 파편화되고 분산된 노동운동으로 이어지지 않도록 해야 하는 새로운 시대적 '도전'에 직면해 있는 것이다. 즉, 생산력 향상을 위해 유연적으로 네트워크화된 생산방식의 변화에 따른 공간의 변화가 일어나게 되었다.

–지역사회연계와 네트워크화 과정

제조업의 저차 산업구조를 탈피하여 고도화되어 3차 이상의 고차산업으로 옮겨 갈수록 위계적 질서의 생산방식보다 네트워크화 하는 편이 더욱 효율적인 변화를 가능하게 만든다. 이 방식은 인력과 조직에 있어서 탄력적으로 결합할 수 있고, 필요에 따라 구조를 빠르게 재편하고 집적하거나, 다운사이징downsizing을 가능하게 하는 구조로 진화하고 있는 것이다. 그러나 이 과

22) 현대자본주의의 변화와 유연성 논쟁에 관한 연구, 우명숙, 서울대 사회학과 석논, 1995, p59
23) 구상과 실행을 통합한 새로운 노동자층의 등장과 생산의 분산 등이 노동자들의 공통적인 이해관계를 도출해내는 것을 더욱 어렵게 만들게 하기 때문이다. 따라서 이들은, 단체 교섭의 분산화는 오히려 '경직되고' 중앙화 된 노사관계의 효율성을 증진시키며, 전체 노조의 역량을 한층 강화시킬 수 있다고 주장하고 있다.

17. 노동의 유연성 확대

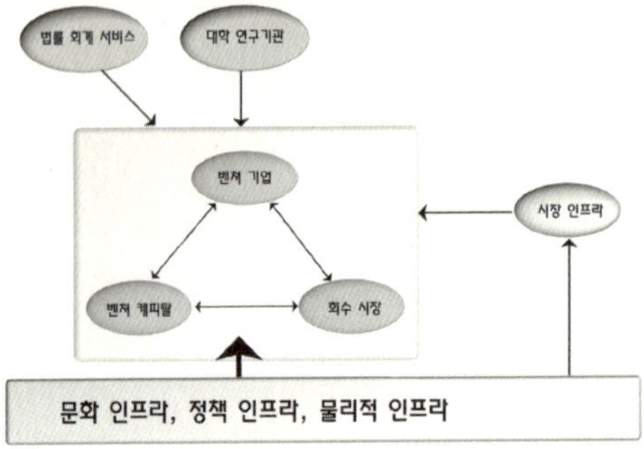

18

정에서 중요한 점은 소규모 벤쳐 클러스터들이 산, 학, 민, 관이 유기적으로 지역에 토착화하여 적절하게 지역화localization할 때만이 성공할 수 있다는 것이다. 이러한 과정은 재영토화, 재구조화 과정을 통해 통제와 감시의 기제가 더욱 효과적으로 유연하게 적용될 수 있기 때문이다. 또한 지역 마케팅과 특별지구지역제 역시 이러한 통제과정의 하나로 볼 수 있다. 이처럼 지역사회와 연계되면서 긴밀하게 네트워크화 되는 것은 달리 말해, 유연적 통제가 가속화되고 있다는 것의 다른 표현이며, 불확실성을 줄이면서 예측가능성을 높여 가는 안정화가 동시에 이루어지고 있다는 의미이다.

벤쳐 생태계의 경우 스스로 진화, 분화하는 자기증식self-proliferation의 속성을 갖고 있다. 여기서 자기증식이라는 것은 벤쳐 생태계가 탄생-성장-성숙-퇴출의 순환을 스스로 만들 수 있는 시스템이라는 뜻이다. 공진화란 "상호의존적인 종들이 끊임없이 상호작용하면서 진화하는 과정"이라고 표현했다. 두 실체들이 서로 영향을 주고받으며 자신들을 진화시켜 나간다는 의미를 가지고 있다.

클러스터의 사전적 의미는 유사한 종류의 집단이다. 즉'유사성과 보완성으로 연결된 기업과 기관의 집합체'라고 할 수 있다.[24] 과거의 산업 집적이 기업체들만의 모임에 치중했다면, 클러스터는 기업뿐만 아니라 다양한 지원

18. 벤쳐 생태계의 연계도

24) 할로우의 근린 중심지구에서 가장 중요한 점은 계획가들이 예전과 같이 저밀도로 도시 외곽부분을 개발하는 것을 반대하지 않았다는 것이다. 도시의 외연적 확장이 초래하는 문제들을 언급하면서, 그들은 예전보다 고밀도로 기존 주거지 옆에 새로운 시가지를 건설하였다. 이 경우 중심지에는 Mall의 요소가 삽입된다. 이러한 환경속에서 연관성이 높은 기업들은 기업 간의 거래에서 발생하는 거래비용을 절감시키는 동시에, 급변하는 수요를 충족시키기 위하여 특정 지역에 집적하게 된다.

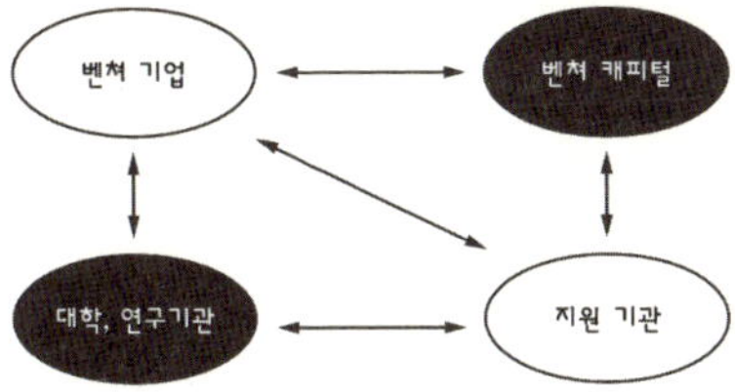

19

기관과 공급기관들이 참여하는 집합체이다. 클러스터는 경쟁기업과 부품소재 등의 기업, 대학연구기관, 법률 및 회계 등 지원 기관이 특정 지역에 모여 네트워크를 구축하여 새로운 혁신을 이루는 집합체로 정의할 수 있다.[25] 기업간 협력과 기업과 연구기관 등의 네트워크에 의한 협력을 말하는 것이다. 각 클러스터들은 네트워킹을 통해서 독자적으로는 진전시키지 못할 지식, 기술, 노하우를 보완하게 된다. 1990년대부터 클러스터 이론은 설득력 높은 지역혁신이론으로 부각되었다.

유연적 생산의 공간적 거점이 되는 새로운 산업공간은 이른바 신산업지구라고 불리우기도 하며 대표적인 사례로는 미국의 실리콘 밸리, 루트128, 이탈리아의 제3이탈리아, 프랑스의 소피아 앙티폴리스, 대만의 신주과학산업단지 등이 있다. 대도시권 외곽의 미개발 지역 또는 교외 지역에 입지한다. 공통된 특징은 동종의 관련산업이 광범위하게 집적하여 입지특화의 경제localization economics를 실현하고 있다는 점이다.[26]

–지역사회와 네트워크 된 현지화localization의 관리 및 통제강화 현상

포스트모던 사회의 지역 사회의 공통된 특징은 동종의 관련 산업이 광범위하게 집적하는 곳은 모든 것이 한곳에 집적되어 있고, 이는 또 다시 새로운 기업을 끌어들이는 고정효과lock-in effect를 낳는다. 기억이 집적된 지역의 사회적, 제도적 환경이 상호학습을 뒷받침해야하기 때문이다. 즉, 분화되면서 파편화되어 네트워크화 되는 양태가 위계가 와해되는 듯 보이지만, 오히려 통제구조와 효율성은 더욱 강화된다는 것을 의미한다.

이와 같이 지역에 뿌리내림embededness을 통해 혁신을 이루어나가는 것을 지역 혁신체제라고 한다. 경제적 협력관계가 '세계화' 되었음에도 불구하고,

19. 벤처산업과 연계성
25) 최근 지리적 근접성이 기술혁신에 중요한 도움을 준다는 인식이 강해졌다. 암묵적 지식이 교류는 지리적 근접성에 의한 대면 접촉과 높은 신뢰, 그리고 유대를 통해 얻는다.
26) 서양도시계획사, 대한국토, 도시계획학회 편저, 보성각, 2001, p564

20

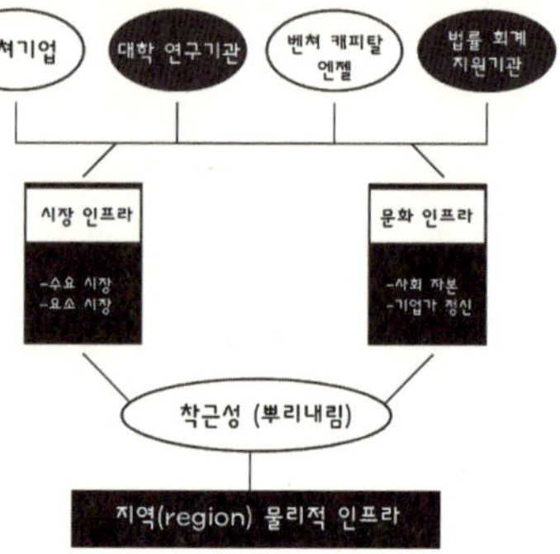

특정 산업 클러스터 내 기업들 사이의 상호작용은 반대로 '지역화' 되어 가고 있다.[27)]

포스트모던 도시출현의 물적 조건은 모던도시의 지배적인 기술산업체제였던 '포디즘'이 소위 말하는 '포스트포디즘' 혹은 '유연적 체제'로 이행하는데서 찾을 수 있다. 이 같은 도시경제의 변화는 세계자본주의 재편의 일각을 반영하는 것이지만, 이러한 도시적 과정은 기존의 계층구조나 공간분화 패턴을 변화시키는 노동과정, 기업관계, 분업구조, 생산-소비관계 전반을 재편하는 것으로 나타난다. 즉 구상과 실행의 결합, 노동과정의 분절화, 자율화, 외부화, 협력과 신뢰를 바탕으로 하는 기업간 네트워크 분업화의 심화, 다기능 노동자의 출현, 생산자와 서비스업의 확산 등은 유연적 산업조직의 등장결과로 나타나는 도시경제의 주요한 변화양상이다. 이것은 포스트모던 도시가 하비가 말한 탈현대적 삶의 시, 공간적 압착을 매개하고 담아내는 장으로 바뀌고 있는 것을 의미한다. 정보의 흐름, 상품의 생산분업과 시장거래, 금융거래, 문화활동, 정치적 협상 등이 도시를 매개로 지구화가 되고 있는 것은 바로 포스트모던 도시의 새로운 기능이다.

6005 소비공간 및 일상의 관리 및 통제 양상

생산공간의 유연화를 통한 안정적인 생산구조의 확립 이상으로 더욱 중요한 문제가 있다. 이러한 생산된 물품들을 안정적으로 소비하고 소비를 촉진시킬 수 있는 공간구조의 확립이 절대적으로 중요하다. 이를 위해 소비촉진의 공간구조와 습관화, 소비행위의 자유의 극대화, 각종 매체를 통해 소비

20. 지역화의 연계과정

27) 지방의 다양한 문화 및 전통, 인적 조직적, 지적 자원 등 무형의 관계적 자산이 생산 활동의 효과적 운영에 동원되고 통합되고 있는 것이 오늘날의 경향이다.

심리의 극대화를 이끌어내는 다양한 방법론이 유연하게 진화되어 왔다.

우선, 고용관계로 맺어져 있는 생산공간속의 통제 및 감시체계는 누구나 인정할 수 있는 눈에 보이는 통제구조이다. 그러나 이러한 시스템뿐만 아니라 소비공간과 일상의 길들임과 통제는 이미 우리의 삶속에 일상화되어 있어서 느끼지 못할 수도 있다. 현대사회는 계속해서 통제 시스템과 공간이 재구조화되면서 보다 철저한 감시의 기제에 노출되게 되는 것에 다름 아니다. 이런 관점으로 보았을 때, 포스트모던 도시는 스펙터클과 감시의 장소이다. 이곳에서 미학화와 상품화는 시장 시스템을 통해 장악된 헤게모니의 사회적 통제 앞에 소비자를 침묵하게 만든다. 자본의 매커니즘에 의해 구성된 공간구조는 도시를 외양적으로 자유롭게 보이지만 오히려 감시와 통제가 강화된 시스템을 구축하고 있다. 자본주의가 고도화된 도시공간일수록, 모든 사람들이 참여하는 듯한 개방적이고 역동적인 외관과는 달리, 도시의 일상은 보다 철저한 '신체의 길들임'을 더욱 체계화시키게 된다. 초기에는 포디즘으로 대표되는 대규모 공장에서 시작된 것이 점차 포스트모던 시기로 들어와 일상생활의 영역까지 신체의 길들임을 체계화할 수 있는 방법론이 점차 침투해 들어오고 있다. 또한 지리적 불평등도 점차 강화되고 심화되고 있다.

자본사회의 공간구조의 두드러진 특징으로 볼 수 있는 건축공간의 '쇼핑몰 현상'은 거시적인 틀의 통제속에 한정된 상업적 다양성과 자유를 허용하는 보편적 모더니티가 강화되는 재구조화 과정의 산물로 볼 수 있다. 아케이드로부터 쇼핑몰에 이르는 유연적 재구조화의 진화과정은 거시적 관점에서 보면, 보편적 모더니티의 틀속에서 자율적 통제가 강화되는 가운데 한정된 상업적 자유와 다양성을 인정하는 방법론이 결합한 형태로서, 모더니티의 진화과정이 상업적으로 물성화된 것이다.

상업적 공간은 당연히 상업적 이윤을 극대화하는 것이 목적이다. 따라서 상업적 통제를 가할 수 있는 부분(거시적 틀)은 유연적 통제의 강화의 구조로 진화했다. 자유로운 공간 역시 상업적으로 활력을 불어넣고, 이윤을 극대화하는 경우에만 해당되고 상업적 목적에 위반되는 행위는 철저하게 배제되었다. 공공-민간이 합작하여 개발하는 쇼핑몰은 공권력이 담당하기 힘든 자율적 통제와 치안의 요소를 담당하는 효율적 방법론이 되고 있다. 민영화되는 시설들은 상업적 이익을 위해 목적에 맞게 공간구조가 바뀌게 됨으로써 상업적 활력을 불어넣고 자율적 통제를 가능하게 하며, 손쉽게 감시가 가능한 관리구조로 바뀌어 가고 있다. 그러나, 이러한 각론적 사항은 거리의 눈이 되는 장점이 있지만 한편으로는 진정한 의미의 공공공간Public Space의 축소라는 단점으로 남게 되었다. 이와 같은 성향은 오늘날 클러스터 이론에 따른 민, 관, 학의 협조를 통한 가버넌스를 효율화하고 강화시키는 요소와도 무관하지 않다.

–상업공간의 쇼핑몰화 과정[28)]

앞서 살펴본 바와 같이 푸코의 계보적 권력공간의 진화를 살펴보고 공간의 통제에 대한 철학적 의미를 종합해보면 공간의 재구조화는 결국 관리 및 통제의 진화과정이라는 결론에 이르게 됨을 확인할 수 있다.

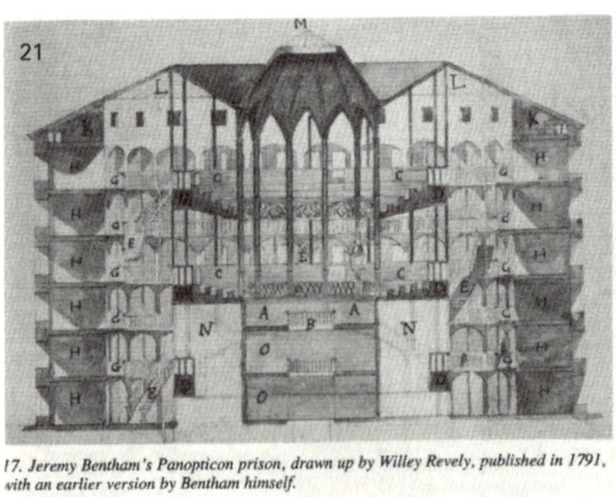

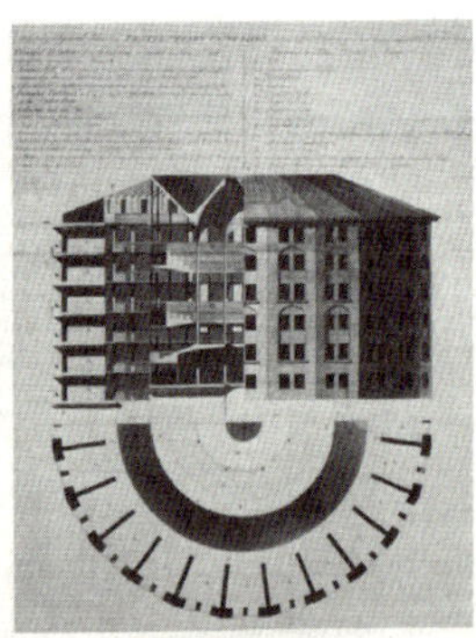

28) 그림21, 그림 22는 김광현 외, 19세기 박람회의 공간구축에 관한 연구, 대한건축학회논문집, 19권 8호, (통권 178호), 2003에 나오는 다이어그램을 인용한 것임.

21. 판옵티콘의 개념

오늘날, 전자감시의 사회적 변화는 감시를 한층 심화시키는 부분이 분명 존재한다. 감시라는 측면은 사회통제의 역사에 있어서 보다 광범위한 테마를 갖고 있는데, 그것은 폭력적인 방식이 유연해지고 비폭력적인 방법이 좀 더 세련되게 진화한다

22

는 것을 의미한다. 현대사회에서는 보다 미묘하며 덜 강압적인 수단이 눈에 띄게 증가하고 있다. 그는 눈에 덜 띄는 감시를 위해 전자장치를 이용하는 것을 이러한 변화의 중요한 예로 들고 있다. 살펴본 바와 같이 판옵티콘[29]에서는 도망칠 곳도 개인적인 공간도 없다. 죄수들은 자신들이 감시당하고 있는지 정확히 알 수는 없었지만 당연히 감시당하고 있다고 가정해야 하며 복종만이 그들이 선택할 수 있는 가장 합리적인 선택이다. 비대칭적 감시는 어느 한쪽 권력의 확실성을 파괴하는 전반적인 현대적 계획의 한부분이 계속되고 있음을 가정할 수 있다. 현대사회는 이러한 영향들이 사회전반에 미치고 있으며 '우리 모두가 하드웨어적인 측면과 함께 전자장치의 원형 감옥 안에 갇혀 있다고' 생각할 수 있다. 감옥의 본질에 관해서, 기든스는 그들의 모든 시간을 감옥에서 보내야 하기 때문에 감옥은 '총체적인 기관'이라는 사실을 지적하고 있다. 학교, 회사, 또는 다른 일반 조직을 이에 비교하면, 이들 조직에서는 단지 하루의 일부만 할애될 뿐이며 규율적인 권력이 훨씬 침투되어 있다는 것을 알 수 있다. 담론의 대상인 '감금'의 다층적인 힘에 의해 지배받은 복잡한 권력관계, 육체, 그리고 세력들의 효과와 도구가 있다.[30]
수정궁에서 전시공간의 규칙을 지키도록 공간적으로 처음 적용된 것은 19세기 감옥에서 등장한 일망감시의 방법이었다. 판옵티콘의 공간은 전술한 바와 같이 비가시적인 객체와 주체가 존재하여 내재적인 감시의 체계가 확립된 공간이었다. 그로 인해 교묘한 통제와 감시가 가능해졌다. 수정궁의

22. 판옵티콘 양식의 수감시설 전경

29) 조심스럽게 고안된 광선과 목재 블라인드 시스템에 의해 관리들은 피수용자로부터 드러나지 않아도 되었다. 판옵티콘에서 통제는 죄수들을 보이지 않는 눈으로 감시하는, 일정한 감각으로 유지하는 것이었다.

30) "푸코의 실수는 이러한 종류의 '극대화된 권력'(원형감옥적 권력)이 현대 국가내 행정력의 일반적 본질을 표현한다고 간주했다.

공간과 유동적인 아케이드의 공간은 이러한 일망감시의 건축적 고안물이라고 말할 수 있다.

여기에서는 바로 사람이 사물을 바라보는 1대 1의 관계가 아니라 사람이 사물을 객체로 바라보는 시선과 함께 다중적으로 다른 사람들이 또 다른 사람들을 쳐다보는 것을 느끼면서 사람이 사람을 객체로 바라보는 시점이 생기게 되고 이것이 효과적이고 값싼 통제를 가능하게 했다는 것이다. 중앙의 대규모 공간에서 어떤 한 사람이 바라보았을 때, 다양한 시점에서 많은 이들의 행위를 둘러보면서 감상할 수 있으며 무언의 감시를 할 수 있게 되었다. 이러한 박람회장과 아케이드 공간의 새로운 등장으로 만보객이라는 단어와 끊임없는 사람들의 행렬을 만들면서 거대한 공간에 전시된 물품과 그것을 바라보는 대규모 군중들을 즐기는 사람들이 생겨났다. 이러한 구조는 모더니티의 현상으로 나타난 물질문명에 대한 단순한 전시만이 아니라 공간화된 지식으로 인식하게 만들었다는 특성이 있다. 또한 소비적 공간 속에서 스스로 길들여지는 부분도 생기게 되었다. 이것은 대규모 도시의 탄생으로 인해 사람들에게 환등기와 같이 파노라마식으로 펼쳐지는 엔터테인먼트의 공간이 탄생한 것이나 마찬가지이지만, 철학적 의미에서 바라보았을 때, 이 공간은 상품화된 물질과 인간의 관계를 끊임없이 소외시키는 공간이며, 휘황찬란한 조명과 그 내부의 화려한 상품들과 빈민들을 계속해서 유리시

23, 24. 수정궁의 내부와 전시광경

키는 장소로 발전하는 것이다. 지금은 모든 대중들이 이런 공간에 자유롭게 드나들 수 있었지만 그 당시만 하더라도 아케이드의 지배인이 입구에서 구매력이 있는 중산층 이상만을 가려가며 출입시켰다. 또 한편으로는 가지고 싶다는 욕망이 효과적으로 주변사람들의 감시로 인해 통제되고 통로에서만 보는 것으로만 즐겨야하는 교육의 장소, 또한 기득세력의 질서에 대한 암묵적인 교육의 장소이기도 했다.

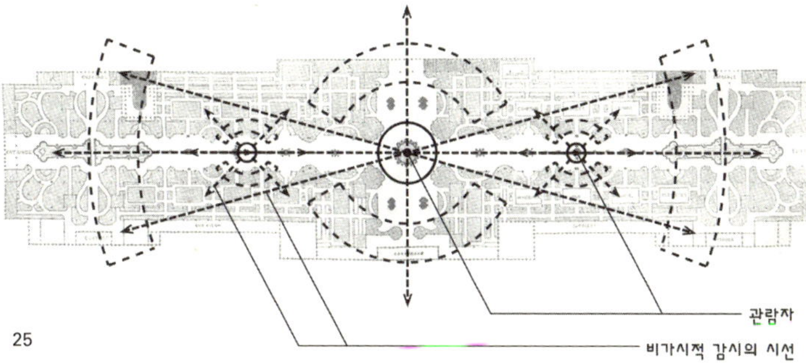

25

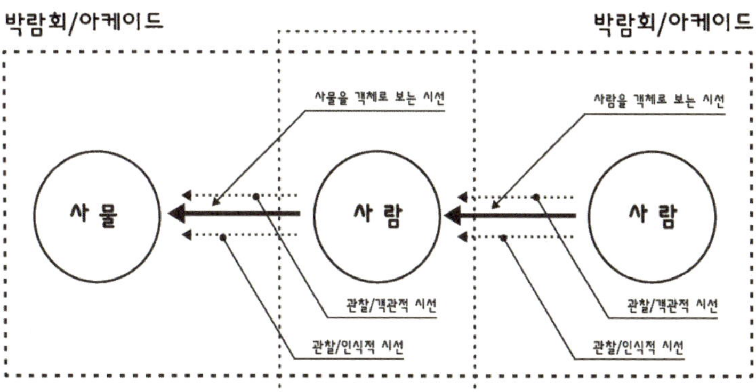

26

25. 수정궁 시선의 특성
26. 시선의 객관화의 특성_김광현 외, 19세기 박람회의 공간구축에 관한 연구, 대한건축학회논문집, 19권 8호, 2003, 다이어그램 인용

의사소통 이론과 일상의 식민화 담론

6006 하버마스의 의사소통 이론과 공공공간

4권에서 하버마스와 료타르의 유명한 논쟁을 c 통해 하버마스의 모더니티의 진보적 발전에 대한 믿음에 대해 소개한 바가 있다. 왜 하버마스의 논의가 중요한 것일까? 일견 하버마스는 이성과 합리적 주체사고를 불신하고 반성했던 현대철학의 흐름을 외면하는 듯 보일 수 있다. '그는 왜 이성에 대해 회의적인 시각으로 바라보고 새로운 스타일의 사회적 양상이 두드러졌던 포스트모던시대에 이성을 믿고 그것이 모순을 극복하고 진화해나가고 있다고 설파하면서 고군분투 했던 것일까?' 하는 것이 현재 논의의 핵심이다. 그의 주장의 핵심은 '모더니티는 계속해서 진화되고 있다.' '차이를 중요시 하는 포스트모더니즘적인 생각 자체도 결국은 큰 틀에서 보면 모더니티가 계속해서 진화해 나가고 있는 것이다.' '모더니티의 부족한 부분을 보충하고 계속해서 나아가고 있다' 라는 믿음을 가지고 있다. 따라서 그는 이성의 부정적 측면을 극복하는 길은 이성의 해체가 아니라 오히려 '이성의 완성'에 있다고 주장하며, 이른바 포스트모더니즘 계열의 사상적 조류와 스스로 구분되고자 했다.

그렇다면 일상의 식민화와 관련하여 하버마스의 담론이 어떠한 관계가 있을까? 오늘날 상업적 영역의 커뮤니티 영역(사회적 공간)으로 대표되는 사회적 공간이 진정한 의미의 의사소통공간을 추구하는 공공영역을 계속해서 빠르게 잠식해 나가고 있으며 일상의 식민화에 커다란 역할을 하고 있기 때문이다.

–하버마스의 의사소통 이론

하버마스는 의사소통 이론이라는 자신의 담화 이론을 발전시켰다. 그는 이성의 역할에 대한 비판적인 연구를 통해 이성이 수행한 긍정적인 역할을 인정했다. 그는 전적으로 거부하는 비관적인 입장에 대해 비판했다. 그는 여러 가지 폐해를 가지고 있었던 절대 이성대신 '의사소통적 이성'의 중요성을 강조했고 각 사회의 구성원의 토론을 통해 합의를 도출하는 것을 궁극적으로 지향했다. 그는 사회의 통일성 확보, 이성의 독재를 극복할 수 있는 가능성에 대해서 탐구했으며 이러한 가능성을 통해 계몽의 완성이 가능(의사소통의 윤리 중요)하다고 생각했다.

19세기 초부터 현재에 이르는 역사를 상기해보도록 하자. 처음 자본가계급이 급성장하고 생산양식이 혁명적으로 바뀌면서 노동자들이 극심한 착취에 시달렸지만 압제받는 분위기는 여러 가지 사건들을 거치면서 점차 제도적으로 개선되어 나갔다. 물론 불합리한 현실을 극복하기 위해 많은 민중들의 투쟁이 있었다. 여전히 많은 문제가 산적해 있고, 양차 세계대전의 끔찍한 사건이 있었지만, 역사를 통해 본 많은 나라들에서 인권과 경제적 상황이 이전보다는 점차 나은 방향으로 나아가고 있음을 느끼게 되었다. 이점에 대해서는 어느 정도 수긍할 수 있을 것이다.

물론, 여전히 불평등과 심각한 양극화와 착취구조 및 인권문제가 존재한다. 그러나 세계에서 각 국가별로 정치, 경제, 문화, 사회적 구조에 따라 정도의 차이는 있지만 전제군주주의 시절의 압제나 양차 세계대전의 참혹함은 상당 부분 극복한 상태이며 현재는 엘리트들이 주도해나가는 딱딱하고 이데올로기적인 사회분위기 역시 극복하면서 상당부분 민주화가 이루어져 나가는 것을 경험하고 있다. 무언가 부족하고 시스템 자체는 삐걱거리고 있는 듯 보이지만, 그래도 희망을 가지고 노력해 나간다면 일정부분 의식 있는 사회, 이성적인 사회로 더욱 발전할 수 있을 것이라는 믿음을 가져도 좋다고 전제하고 있다.

이러한 기본 생각과 함께 하버마스는 합리적 진보를 이어나가기 위한 전제로 '의사소통 이론'을 중시하여 발전시켰다.

이 이론을 쉽게 이야기하면 주체와 객체(또 다른 주체들을 인정하는 것)들 사이에 합리적이고 이성적인 '올바른 대화'가 필요하다는 것이다. 또한 대화와 타협의 민주적, 이성적 과정을 통해서 더 나은 세계로 나아갈 수 있다고 하버마스는 생각한다. 그래서 일단 주체철학의 관계로 생각하면 하버마스는 '나'와 나를 둘러싸고 있는 세계, 즉, 주체와 객체의 관계로 인식을 한 것이 아니다. 주체와 객체의 데카르트적 존재론은 상당히 주관적인 세계관이다. 이성의 폐해가 나오게 된 세계관이기도 하다. 그러나 하버마스의 세계관은 대상화된 객체가 아닌 나와 같은 생각을 지닌 다른 주체들 간에 동등한 입장에서 사고하고 소통하는 것을 중요시한다.

근대철학의 존재론이 객체를 대상화시켜 사고하는 폐해가 있었다면 하버마스의 사고관은 다른 사람들에 대한 배려 및 대화(소통)의 가능성을 중점적으로 생각하는 것이다. '생각하는 나'와 같은 다른 사람들(또 다른 주체들)이 존재함을 인정하는 사고이다. 그는 우선 주체와 다른 주체와의 관계에 주목했다. 생각할 수 있는 사람들이라면 모두가 해당된다. 그런 주체들이 수없이 존재한다. 우선, 나와 같이 똑같이 독립적으로 자유롭게 사고할 수 있는 주체들이 많다는 것을 전제하고 그 사실을 인정하는 것이다. 우리는 이들과 대화를 통해서 합리적인 의사소통을 이루어야 하며 합리적으로 의사결정을 하여 사회를 이끌어 나가야 할 책임이 있다. 이러한 사항들을 인식하고 있다면 이러한 사회분위기가 익숙해 있었더라면, 양차 세계대전과 같은 끔찍한 일들이 일어나지는 않았을 것이다.

하버마스는 "달콤한(바람직한) 의사소통"이 가능하려면 무엇보다 그 과정이 자유로와야 한다고 주장한다. 관료제(위계적인 수직 명령체계)와 같은 공적 영역의 경우에는 '한계가 존재할 수 있다' 라고 생각할 수 있고 또한 일정부분 그런 상황이 지속되어 온 것도 사실이다. 하지만 심각한 문제는 사적영역private space에서도 의사소통이 왜곡되어 있다는 사실이다. 그것은 공적영역이 사적 영역으로 침투하기 때문에 나타나는 현상이다. 하버마스는 이것을 '생활세계의 식민지화'라고 부르고 있다. 생활세계는 참여자들의 의사소통 행위로 끊임없이 생산적으로 관계가 재생산되는 영역이다.
따라서 바람직한 관계의 의사소통을 가능하게 하기 위해서 하버마스가 생각한 의사소통 윤리 조건은 다음과 같다.

1) 객관적 사실과 관련된 사실,
2) 규범적 타당성(욕망이 들어가 있는지의 여부)
3) 진실성이 있는 것인가?

객관적이고 보편적인 이해의 문제는 과학이 담당하는 것으로 생각하고 가치나 당위와 관련된 문제는 주관적이고 실존적인 선택의 문제로 결국은 학문적 접근이 불가능한 문제로 간수했다. 즉, 주체-객체의 모델은 대상에 대한 도구적 접근만을 허용함으로써 과학주의를 야기하는 것으로 생각했다. 그는 주체-주체 모델에 기초한 '의사소통 합리성 혹은 이성'이라는 개념을 제시하였다. 민주주의론은 '토의(심의) 민주주의Deliberative Democracy' 라는 개념을 통해서 표현하는 것을 의미한다. 이것에는 심각한 부조리가 존재한다는 느낌과 더불어 세상이 그럼에도 불구하고 점차 개선되는 방향으로 나아가는 느낌을 동시에 우리는 받을 수 있다.

–생활세계의 식민화진단 과 공론장의 활성화

하버마스는 효율성과 성장만을 지향하는 시장과 행정의 논리가 규범적 합의와 민주주의를 지향하는 우리의 일상세계를 파괴하고 있다고 생각한다. 다양한 새로운 사회운동을 식민화 되는 생활세계의 저항(여성운동, 환경운동, 참여 민주주의) 공론장과 의회는 상이한 토의의 공간이지만 동시에 민주주의가 구현되는 장소이다. 이러한 공간은 실재공간에서 이루어지다가 라디오 및 TV토론으로 이동했고 이후, 웹 공간에서 더 활발하게 이루어지고 있다.

우선, 공론의 공간을 활성화시키기 위해서는 시민사회에서 제기되는 문제들에 민감하게 반응할 수 있는 공간이 되어야 한다. 이 공간의 단점으로는 그것이 무질서하고 외부의 조작에 쉽게 노출되어 이용될 수 있는 위험성이 존재한다는 점에 있다. 하버마스가 말하는 토의 민주주의는 활성화되고 성숙된 시민사회의 공론과 제도화된 의회의 상호작용을 통해서 발전되는 민주주의를 지향한다고 할 수 있다.

다음으로, 주체의 자기중심성과 이성의 도구화를 벗어나기 위한 전략은 객체에 맞서 있는 고립된 주체를 다른 주체와의 상호 작용속에 존재하는 주체로 대체하고자 하는 것이다. 주체-객체의 구도에 근거한 의식철학의 패러다임은 이제 상호 동등한 '주체-주체' 관계에 기반을 둔 의사소통 패러다임으로 전환되어야 한다고 하버마스는 주장하는 것이다.

건축공간과 관련하여 하버마스의 이론의 주요한 전제 중 하나는 공공영역과 공간이 자유롭고 평등한 시민들이 정치적인 이슈에 관해 사고할 수 있는 무대라는 생각이다. 우리가 일반적으로 가지고 있는 공공개념이 모두에게 열려져 있는 것 같지만 사실은 인종, 성, 혹은 계급과 같이 '공공'의 개념을 제한하는 중요한 방법에 근거하여 배타적으로 제공된다는 사실은 은폐되고 있다. 우리가 종종 공적으로 접근 가능한 공간이라고 하는 상업공간내의 테마공원, 쇼핑 몰, 축제의 장터 등을 사람들은 공공공간이라기 생각하는 경향이 있지만 사실, 이 공간은 공공공간이라기보다는 사회적 공간(사적 기업의 재산과 관련된 영역)이라고 해야 할 것이다. 지역의 중심에 빠지지 않고 존재하는 쇼핑몰Mall의 커뮤니티 영역이라고 불리는 곳이 진정한 공공영역이라고 할 수는 없다. Mall의 필지는 사유영역에 속하므로 어떠한 정치적 목적의 담론(시위 포함)과 사적 이익에 배치되는 불법 행위는 허용되지 않는다. 이러한 상업적 공간에서는 어떠한 종류의 사회적 목적의 집회 역시 허락되지 않는다. 오직 거시적 통제 내에 상업적 구매의 자유만이 존재할 뿐이다. 그러한 의미에서 이 영역은 진정한 의미의 공공영역이라 할 수 없다.

문제는 이러한 가운데 철저하게 관리와 통제가 유연하게 공공연화 되고 있다는 점이다. 오늘날은 이러한 개발을 오히려 국가에서 더욱 장려하고 있는 경우가 많다. 국가가 일정하게 통제할 수 없는 부분까지 상업적 영역과 합작하면 더욱 공고하게 감시와 통제가 이루어지면서 방어선이 구축되기 때문이다. 이러한 가운데 시민들은 어쩔 수 없이 소비적인 공간에 강제적으로 노출될 수밖에 없는 상황이다. 이러한 공간에서 커뮤니티와 문화를 논하기에는 이 공간은 철저하게 의도적인 상업공간이 되면서 주체성을 상실하게 되고 시민 개개인은 무력화 된다.

–하버마스의 공용공간 및 커뮤니티 공간

공공영역의 성립에 관한 하버마스의 중심된 질문은, 공적 쟁점에 관해 논의할 때 지위에 의해서가 아니라 토론에 의해 의사결정이 이루어지기 위한 사회적 조건은 무엇인가이다. 하버마스가 찾아낸 이 사회적 조건이란 바로 근대적 가족의 등장과 문학적 공공영역이다.

하버마스는 근대시기의 인간관계는 지위나 경제적 관계에 따른 복종관계가 아니라 자유, 사랑, 인격 등에 기초할 수 있는 가능성이 있음을 관념이 아닌 제도로 보여준다. 순수한 관계에서는 이익에 관련된 것을 초월하는 상호관계가 될 수 있다고 하버마스는 주장하고 있다. 문학적, 정치적 회합장소는 정치적 의견을 나누고 사회적 네트워크를 활성화시킬 수 있는 정치적 공공영역에 속한다. 근대의 이러한 공간의 사례를 런던의 커피하우스가 있다. 이와 같은 커피하우스는 런던에만 3천여개소가 있었는데, 이 커피하우스는 애초에 문학작품에 관해 토의하고 뉴스레터를 돌려 보는 장소였지만 그 공간은 신분의 고하에 관계없이 논쟁을 벌이던 제도는 정치적 공공영역의 모태가 되었다.

공공영역이 구조적으로 변동하게 되어 바로 가족과 문학적 공공영역에 기초하여 형성된 정치적 공공영역이 거대 사업조직이라는 소유자에 의해 민주적 절차에 따라 토론이 이루어지던 곳이 사유지로 바뀜으로써 사적 이익에 따른 행위만을 허용하는 장소로 쇠락하고 전락하게 된다는 것이다. 이렇게 되면 사적 이익에 반하는 행위나 정치적 행위는 원천적으로 금지되게 되어 있다. 하버마스의 공공영역의 구조변동의 중심적 주장 중의 하나는 공공영역이 쇠퇴하고 있다는 점이다.

–공공공간과 사회적 공간의 차이

19세기와 20세기의 공공공간은 특정 개인이나 계급, 혹은 기업에 속하는 것이 아니라 사람들 전체가 소유하는 것으로 이해되었으며 공동체를 위한 공간으로 낙관적으로 정의되었다. 하버마스에 의하면 공공영역은 시민들이 정치적으로 자유롭게 참여할 수 있는 무대를 말하며, 이는 민주적인 정치 실현에 필수적이다. 하버마스는 공공영역이란 전통적으로 시장이나 정부 영역과 구별되는 것으로 20세기 후반 들어 민주주의에 필수적인 이 전통적인 영역이 더 이상 가능하지 않게 되었기 때문에 새로운 모델이 개발되어야

27. 19세기 공공영역에서의 여론 형성모습
28. 공공영역에서의 여론 형성모습

한다고 강력히 주장하고 있다.

포스트모던 사회로 진입하면서 생산영역에서 행해지던 직접적 통제가 유연적 통제로 변화하며 권력자(자본가)의 통제의도가 공간에 투사되며 진화되었던 것과 같이, 소비영역에 있어서도 커피하우스로 대변되는 시민의 공공의 의견과 공론장(공공영역)이 상업적 의도에 의한 식민화현상으로 인해 축소되고 있는 것이 현대 소비공간의 특징이다. 오늘날 정치적 공간과 공론장의 공간이 TV나 사이버공간으로 손쉽고 효과적으로 이동되었다고 해서 현실공간의 식민화와 상업적 통제를 묵인하거나 좌시하고 있으면 안 될 것이며 끊임없이 이러한 의도에 저항하는 담론과 물리적 공간을 만들어 내는 효과적인 투쟁이 뒷받침 되어야 할 것이다.

6007 피에르 부르디외의 담론

부르디외는 프랑스 사회학자로서 당시의 정신계에 주요한 담론으로 논의되었던 구조주의적 관점의 연장선상에서 사유했지만 구조주의가 지니고 있는 단점(의도적으로 주체를 거부한 것으로도 볼 수 있다)인 주체의 부재를 인식하고 주체를 구조에 삽입하여 사유하려고 시도했다. 다시 말해, 주체와 구조를 매개적 발전방향을 모색했던 것이다. 이 점이 부르디외를 유명하게 만든 기본적인 출발점이 되었다. 그는 이를 위해 주체와 구조를 매개하는 '아비튀스habitus' 라는 개념을 만들어 냈으며 그 사회를 근본적으로 만들어나가고 있는 구조와 주체들이 결합되어 새롭게 만들어 나갈 수 있는 매개적인 방법론의 사유를 제시했다. 여기서 매개적인 방법론이라는 것은 변증법적 과정을 거친다는 것을 의미한다. 앞서 언급한 바와 같이 구조주의의 부족한 부분에 변증법적 방법론을 삽입함으로써 주체적 해석의 여지를 부여하는 것이다.

구조주의로 생각하면 세상에 새로운 것이 있을 수 없다. 모든 것이 프로그램화되어 미리 정해져 있는 구조적 한계 내에서 행동하게 되기 때문이다.

그러나 부르디외는 '인간활동'이라는 실천적 요소가 있으며 생성과 시간이 제외되어 있다는 점을 비판한다.

부르디외는 기존 구조에 인간을 개입시키면서 구조주의의 단점을 어떻게 극복할 수 있을지에 대해서 사유했다. 자칫 잘못하면 현상학적인 측면과 구별될 수 없기 때문이다. 부르디외는 사회구조와 인간의 정신구조가 연계되어 있으며 서로 유사성을 지닌다는 과감한 주장을 펼치고 있다. 거기에는 양자를 매개하는 고리가 있다. 그것이 바로 '아비튀스'이다.

사회에는 다양한 계층이 존재하고 그 계층은 그들의 생활양식에서 길들여져 있는 문화적 경험적 자세가 각각 다르다. 이와 같은 그들의 생활속의 경험은 말과 글로 정해져 있는 것은 아니지만 그들 계급에서의 암묵적인 코드가 되어 그 무엇보다 강력한 '내적 구조'가 된다. 이러한 아비튀스의 요소들은 자본화가 진전되어 중산층이라고 불리는 소비계급의 층이 두터워지면서 뚜렷한 양상으로 나타났다. 맥도널드에 익숙한 중산층의 소비패턴은 햄버거를 먹고 싶은 욕구와 눈에 자주 띌 수 있을 정도로 많은 체인점(공간) 및 TV 및 매체의 광고, 그리고 그 사이의 나의 선택과 행동(가서 주문하고 먹는 것)이 아비튀스다. 즉, 맥도날드를 중심으로 하여 만들어지는 행태와 문화적 양태를 공유하는 성장환경이 그 계급의 고유한 아비튀스가 되는 것이다. 자연스럽게 어떠한 지역에서 어떠한 교육 환경속에 있었는가가 아비튀스의 개념에 있어서 무척 중요하다. 부르디외는 이것을 가리켜 문화적 자본이(경제적 자본과 마찬가지로) 상속되는 것이라고 말하고 있다. 그래서 그가 말하는 통계란 곧 각 계급 성원들의 경제적 조건, 문화적 환경, 교육정도, 직업과 소득, 기호와 취미, 등이 통계적인 규칙성을 보이고 있다고 하는 점이다. 지배계급과 피지배계급은 각기 다른 아비튀스를 지니고 있고, 그것을 무의식적으로 내화시켜 각기 자신의 행위를 수행해 나가고 있다.

부르디외의 사유 역시, 그 사회의 계급이 만들어나가는 문화는 이데올로기와 권력이 작용하여 일상생활에 작용하고 그것은 각 계급 간 어느 정도 문화적 동일성을 갖게 되는 측면이 있다는 것을 의미한다. 마찬가지로 공간에 투사되는 이러한 특성은 공간에도 비슷한 영향을 끼치고 그 계급들만이 만들어내는 문화가 발생하는 영역으로 구분되면서 각 지역의 문화적 특성을 만들어내게 된다. 결국 아비튀스 역시 상위계급, 중산계급, 하위 계급의 문화적 경험과 교육(일상의 길들임과 통제)그리고 그것이 공간화와 결합되면서 자연스럽게 문화를 형성하고 있는 것을 비판하고 있다.

6008 르페브르의 철학적 사유체계

29

알 튀세르르, 르페브르, 카스텔, 하비 등으로 이어지는 마르크시즘의 계보는 일상의 이데올로기적, 계급 분리적, 자본 축적적 기능에 주목하면서 도시에서의 계급갈등이나 사회경제적 불평등이 공간에 어떻게 투사되어 구체화 되었는가와 후기 자본사회에서 자본주의 체제의 계급모순과 불평등의 문제를 어떻게 가시적으로 혹은 비가시적으로 강화했는지를 고찰하고 있다. 오늘날 하비 등의 캘리포니아 학파로 불리는 도시지리학 관련 연구활동은 모두가 이러한 사상적 배경에 기인하고 있다.

르페브르가 생각하는 사회적 공간은 인간의 행위와 사회구조간의 변증법적 관계에 의해서 생산된 하나의 산물이다. 그는 자본주의적 축적 구조가 공간을 생산하는 방식을 규명했지만 사회경제적 시각과 욕망과 이미지의 기능에 대한 문화적 시각을 종합하여 사고했다.

그는『일상생활비판』연작의 저서를 통해 일상에서 벌어지는 문화적 현상에 대한 성과를 발표했다. 르페브르는 자본주의 논리가 장악한 일상영역에서 나타나는 인간의 소외와 일상의 통제 권력이 투사된 상황과 공간들을 탐구했다. 그는 포스트마르크스주의자로서 마르크스주의에 입각하여 문화현상과 도시공간구조에 대해서 논의를 거듭했다. 그는 인문적인 내용과 도시문제에 대해서 독특한 관점으로 접합시켜 설명하려는 시도를 계속했다. 그가

29. 앙리 르페브르

지속적으로 관심을 가진 분야는 근대 일상의 공간성에 주목(소외, 일상성-실천), 일상의 공간 틀과 권력, 대항공간 등이다.
공간적 실천 부분에 있어서 그는 근대 일상의 공간성에 주목했다. 일상이라는 것에 대해서 잘 생각해보자. 각자의 일상을 생각해보자. “아침에 일어나서 대략 습관적으로 무엇을 하고 출근하여 어떤 것을 하고 취미는 무엇이 있으며 누구를 만나고 집에 돌아와 휴식 및 취미생활을 하다가 잠에 든다.”와 같은 내용들이 있을 것이다. 그러한 일상은 우리의 생체와 기억의 일정한 리듬을 만들고 있다. 일상에서 벗어난 일들을 하는 것은 여행과 같이, 삶의 습관적이고 규칙적인 일상에서 벗어난 것이다. 그런데 그 일상은 사실, 교묘하게 숨어있는 착취와 억압구조와 연계되어 있다. 따라서 공간구조와 일상은 권력적인 단어와 일맥상통하는 면을 보이고 있다. 너무 직접적이고 폭력적으로 나타난다면 수용자들의 저항이 거셀 것이므로 좀 더 유연적인 방식이 선호될 것이다. 자연스럽게 공간구조는 폭력적이지만 직접적으로 드러나지 않는 방식을 선호하면서 구축되어 나타나게 된다. 르페브르는 이러한 사회현상과 공간구조의 재편(재구조화)에 대해서 연구를 했는데, 이것은 그가 레지스탕스나 공산당의 일원으로 활동했던 전력과 같이 이러한 공간질서에 대항할 수 있는 방식은 어떻게 실행되어야 할 것인지에 대해서 비판적인 시각으로 연구를 한 것이었다. 이후, 르페브르의 영향을 직, 간접적으로 받아들여 프레드릭 제임슨과 캘리포니아 마르크스주의 일파를 형성하게 된 에드워드 소야, 데이비드 하비 등의 계보로 이어지게 되었다.

–르페브르의 근대 공간 개념

르페브르는 마르크스의 영향을 받아 사회적 공간은 사회적 생산물이라고 언급한다.
논리성과 정치적 개입 그리고 진부하고 통속적인 재현 양식들과 결합되면서 공간은 생산된다.

사회적 공간은 이러한 요소들의 권력의지와 통속성의 시대적 요소들과 결합하여 생산되기 때문에 외적 양태는 다양성이 포함된 것 같으면서도 이면에는 통제성과 동질성을 가질 수 있는 방식으로 진화한다. 사회적 공간은 인간의 휴식과 가족의 생산을 위한 공간 및 그것을 보존하기 위한 권력의 요소들이 두 가지 축이 되어 재생산을 용이하게 하며 생산력을 높이고 소비를 촉진시킬 수 있는 역학관계를 만들어 나간다. 사회적, 정치적(국가적) 힘은 이를 통제하려고 시도하지만 그렇게 할 수 없다. 공간적 현실을 도저히 지배 불가능한 일종의 자율적 단위로 부추기는 자들마저 이를 길들이고 자기들에게 종속시키고자 안간힘을 쓴다.[31]

르페브르는 다음과 같이 근대공간의 특성을 정리하고 있다.

현대성의 공간은 매우 명확한 특성을 지닌다. 동질성-파편화-위계화 이것이 바로 그 특성들이다. 현대성의 공간은 매우 다양한 이유 때문에 동질성을 추구하는 경향을 보인다. 건축의 요소들과 자재, 개입하는 자들이 내세우는 유사한 요구, 경영과 관리, 감시, 소통방식 등이 대표적인 이유라고 할 수 있다.[32]

감시와 통제, 소비의 촉진, 재생산을 위한 자본의 속성이 드러나는 대목이다.

르페브르는 근대적 공간의 일면적 특성속에 몰아내었다고 생각하는 요소들이 다른 방면으로 존재함을 다음과 같이 언급하고 있다.

12세기 서부 유럽에서 부상하여 점점 더 많은 지역(프랑스, 영국, 네덜란드, 독일, 이탈리아)으로 퍼져나간 공간은 축적의 공간, 축적의 요람이며 축적이 탄생한 공간이었다. 이 세속화 된 공간은 '세계'와 지하 세력을 복속시키는 로고스와 코스모스의 부활에서 비롯된 공간이었기 때문이다. 따라서 어두운 '세계'는 점차 희미해지고 이 세계가 야기하는 두려움과 공포도 약화되었다. 그렇다고 완전히 사라진 것은 아니었다. 이 세계는 헤테로토피아 즉, 마법과 광기, 악마적 권력의 장소, 매혹적이지만 추방된 장소로 변한다. 훗날 아주 오랜 시간이 지난 후에 예술가들은 이 성스럽고 저주 같은 도발을

31) 앙리 르페브르, 공간의 생산, 양영란 역, 에코리브르, 2011, p71
32) 같은책, p31

재발견할 것이다. 이 도발이 성행할 때 이를 제대로 재현할 수 있는 사람은 아무도 없었다. 이전의 그 '세계'는 여전히 존재하는 데도 재현할 수 없었었던 것이다. 공간은 숨어있는 세력들, 선하기보다는 악의적인 세력들로 와글거린다. 각각의 장소는 나름대로의 이름을 지니고 있으며 각각의 이름은 이 음울한 세력들 중의 하나를 지칭한다.[33]

자본의 축적양상에 따라 어두움(광기 및 미신)과 관련된 요소들을 몰아내고 직접적으로 드러나지 않는 유연적 통제로 진화하고 있는 양상에 대해서 설명하고 있다.
이러한 요소들을 만족시키기 위해 사회적 공간은 요소들 간 서로 침투적이거나 서로 포개진다. 사물들은 각자의 테두리에 의해서 혹은 관성의 결과에 따라 충돌함으로써 서로에 의해 제한된다고 한다.
르페브르가 언급하고 있는 다음의 내용은 오늘날 쇼핑몰의 사회적 공간(커뮤니티 공간)의 한계와 공공영역의 축소주제에 대해서 다음과 같이 통찰하고 있다.

어찌 되었든 장소들은 자연공간의 장소들과는 대조적으로, 사회적 공간 안에서 병치되어 있기만 한 것이 아니다. 이것들은 서로 끼어들고 간섭하고 재구성되며, 층층이 쌓이면서 때로는 충돌하기도 한다. 그 결과 지역(국지)적인 것(특정 지점에 의해서 한정되는 점과 같은 것)은 광역적인 것, 국가적인 것, 세계적인 것에 흡수되어도 사라져 버리지 않는다. 국가적인 것과 광역적인 것은 많은 장소들을 포함한다. 국가적인 공간은 광역적인 공간을 포함하고, 세계적인 것은 국가적인 것을 끌어안으면서, 이와 동시에 놀랄 만한 분열을 통해(새로운 명령이 내려올 때까지) 국가적인 공간의 형성을 촉발한다. 그러므로 수없이 많은 흐름이 이러한 공간들을 관통한다. 사회적 공간은 이처럼 고도의 복잡함속에서, 다시 말해서 개인적이고 개별적인 단위, 상대적인 고정성, 움직임, 흐름과 파동, 이 모든 요소들이 서로 침투하거나 서로 충돌하는 과정에서 서서히 윤곽을 드러낸다. 사회적 공간들 간의 상호침투와 포개짐의 원칙은 매우 소중한 한 가지 사

33) 같은책, p386

실을 시사한다. 분석을 위해 채취된 공간의 각 파편이 단 하나의 사회적 관계만을 드러내는 것이 아니라 무수히 다양한 관계를 보여준다는 점이다.[34]

이것은 여러 요소들의 역학관계 속에서 만들어내는 구조와 이면의 카오스의 욕동에 해당되는 요소들의 침범과 상호작용을 통해 공간이 재편되고 재구조화 되는 것을 의미한다.

–르페브르와 일상의 통제 개념

일상성은 자본주의가 만들어낸 하나의 새로운 사회현실이자 억압, 통제가 교묘한 형태로 가속화된 것이라고 그는 주장한다. 그것이 하나의 시대적 진실과 과학을 만들어내는 이데올로기가 되고 일상은 하나의 유연한 폭력이 된다. 하층민은 자본주의적 스펙터클과 도시공간 소비문화를 선망과 동경의 대상으로 생각한다. 교육 및 순응의 도구로서의 일상성은 자본주의적 생산양식의 확장이며 안정된 소비를 불러일으키는 고안물로 볼 수 있다. 좌파적 운동이 좌절되는 것은 이처럼 우파의 일상의 통제를 통해 자본주의적 질서와 통제에 익숙하게 길들이는, 느리지만 효과적인 통제수단 때문이라는 것이 그의 주장이다. 일상문화는 각종 미디어(특히 직간접 광고)를 통해 욕구와 만족을 일정부분 충족시키지만 동시에 결핍과 박탈감을 극도로 증폭시키고 상호 비교문화를 강화시킨다. 이를 통해 끊임없는 욕망을 불러일으키고 상대적인 박탈감을 극대화하여 소비욕망을 부추긴다. 그럼으로써 더욱 자본의 질서와 통제에 익숙한 자본가를 위한 '경주하는 쥐'를 양산하게 만든다.

공간의 지리적 불평등은 이렇게 자본적 질서가 공간에 투사되어 일상을 통제하는 방향으로 공간이 변화되어 온 것을 의미한다. 이것은 자본주의의 잉여생산방식이 산업적 제조업의 방식으로 투사되었다가 자본주의적 재생산을 위한 공간의 조직화로 재편되고 재구조화되는 것을 의미한다.

34) 같은책, p155

르페브르는 도시는 과학과 마찬가지로 생산력이 되었다고 주장한다. 그는 공간과 공간의 정치는 사회관계들을 표현하며 동시에 역으로 이들에게 작용하는 관계를 만들어 내게 된 과정에 주목했다. 일상공간이 조직화된 도시 공간에 내재된 근본적 모순은 사적 자본의 효용성 극대화 논리와 사회적 필요성 논리간의 대립과 갈등을 통해 표출된다. 노동운동이 자본주의 체제의 가시적 모순에 저항하여 사회경제적 평등을 추구한다면 도시사회운동은 자본주의 체제의 비가시적 모순에 저항하여 일상생활을 통해 나타나는 사회문화적 평등을 추구한다.

르페브르의 담론은 마르크스의 계급투쟁 및 생산적 관점에서 시작하여 20세기에 논의되었던 다양한 조류의 담론들을 창조적으로 수용하여 진화시켰다는 점에서 의의가 있다. 특히 현대철학의 기억과 운동 및 변화와 같은 후기 구조주의적 사유까지도 적극적으로 끌어들여 공간과 관련하여 마르크스적 시각에서 담론화를 시도하였다는 점이 그의 담론의 가장 뛰어난 미덕이라고 할 수 있다. 그의 담론은 이후 권력의지가 투사되어 지리적 불평등을 연구해왔던 캘리포니아 학파로 지칭되는 도시지리학자들의 마르크스적 시각의 도시이론에 많은 영향을 주었다.

6009 마뉴엘 카스텔의 도시담론

카스텔은 바르셀로나 출신으로 르페브르에게 사회학을 배우고 파리의 도시화와 산업시설의 공간적 변화에 대해서 연구하여 박사학위를 취득했다. 그는 하비와 함께 캘리포니아 학파를 이루고 있으며 르페브르의 비판적 사회고찰과 포스트마르크시즘적인 공간의 지리적 불평등화가 진행되어 온 방식에 관심을 통해 집합적 소비공간으로서의 도시에 대해서 고찰해오고 있다. 그는 도시를 자본주의 구조를 구성하는 하나의 사회단위로 보았다. 즉 도시를 자본의 의도와 욕망이 투사되어 가치화, 물질화된 구조라고 보는 것이다. 그는 이 사회단위(도시구조)가 노동력의 재생산을 위해 필요한 집합적 소비물들이 집결된 공간적 특성이 있는 것으로 보았다. 즉 그것은 서비스가 밀집된 공간적 구조이며 교통과 통신이 집적된 구조이기도 하다. 이러한 서비스들은 개인이 동떨어진 지역에서 사용하기에는 비용이 크게 소요되므로 집합적으로 몰려있는 대규모 군집도시에서 보다 저렴하게 서비스를 이용할 수 있게 된다. 도시체계는 알 튀세르르가 이야기한 바와 같이 다양한 층의 요소들에 의해 영향을 받는다.

도시공간은 정치(도시정치 활동), 이데올로기(도시의 상징적 의미와 정체성), 경제(생산, 소비, 분배 활동) 등이 복합적으로 작용하며 생산된다. 후기 자본사회에서는 이러한 다양한 층위의 복합적 발전을 통제하기 위해 다양하고 교묘한 통제방식이 발전할 수밖에 없다. 포스트모던 도시는 이에 따라 철옹성과 같은 통제, 감시가 만연한 도시로 변모할 수밖에 없으며 젠트리피케이션(도심재이주 현상)을 통해 새로운 계층을 위한 도심내 주요 공간의 권력화가 재편되게 된다고 그는 주장한다. 소비시설과 집합주택이 집중되고 안정된 소비를 이루어낼 수 있는 공간구조는 이렇게 후기자본사회에서 더욱 그 필요성이 증대된다. 포스트모던 사회의 집합소비를 부추기는 도시 형태와 운동은 마뉴엘 카스텔의 계속된 관심사이다.

쇼핑공간을 지역사회의 중심공간, 여가생활의 중심공간으로 만들어 잠재적인 소비생활을 습관화시키고 상호비교와 욕망의 결핍감을 증대시킴으로써 소비를 부추기는 사회적 분위기와 사회적 시스템은 국가의 정책과 사회적 공간의 구성을 단순히 소비적 도시구조를 공고화하고 생산을 위한 소비공간과 생산을 위한 여가를 통해 생산력을 증대시키기 위한 관리의 측면으로 비판받을 소지가 있다. 특히, 현대와 같은 정보화 시대에는 이러한 유연화과정이 더욱 심화되고 있다. 특히, 알 튀세르는 이러한 점에 주목하여 포스트모던 도시화 과정에서 스펙터클과 젠트리피케이션gentrification 되는 과정의 특징 그리고 정보화가 가져온 유연한 통제적 양상에 대해서 자세히 고찰하여 건축공간과 도시지리와 불평등에 대해 사유했다.

6010 데이비드 하비의 공간 사유체계

데이비드 하비의 사고체계는 자본의 흐름과 변화과정이 지역과 공간구조에 어떠한 영향을 미치게 되었는지에 대해서 포스트마르크스주의적인 관점에서 연구하여 비판하고 대안적 해결방안에 대해서 연구를 거듭하고 있다.

그는 자본이 일차적으로 상품 생산과정을 통해 순환하지만, 궁극적으로 자본주의를 위기의 대파국(즉 공황)으로 몰아가는 모순을 안고 있다고 본다. 그는 이 모순을 제 1차 국면으로 이론화시키고 위기를 회피하거나 극복하기 위해 고정자본과 소비기금의 형성으로 나아가고 잉여자본은 현재 사용보다 미래사용 지향적인 새로운 순환형태들의 창출을 통해 흡수되고 있다는 주장을 펼치고 있다. 특히 그의 사고가 주목받고 있는 이유는 포스트모던적 사회구조와 특성들을 탁월한 혜안으로 분석하고 있다는 측면 이외에도 글로벌화가 진행되면서 발생하는 자본의 순환과 진화과정 및 순환과정에 대해서 명쾌하게 설명할 수 있는 구조를 제시했다는 점에 있다. 그는 시공간의 압축현상과 포스트모던 현상 그리고 공간구조에 대해서 비교적 알기 쉽게 이론화 시켜놓았다. 결국 그의 사고는 포스트모더니즘은 모더니즘의 연속성이 더욱 강하며, 정치경제적 현실과의 직면을 회피하고자 한다는 점에서 위험한 것으로 평가하고 있다.

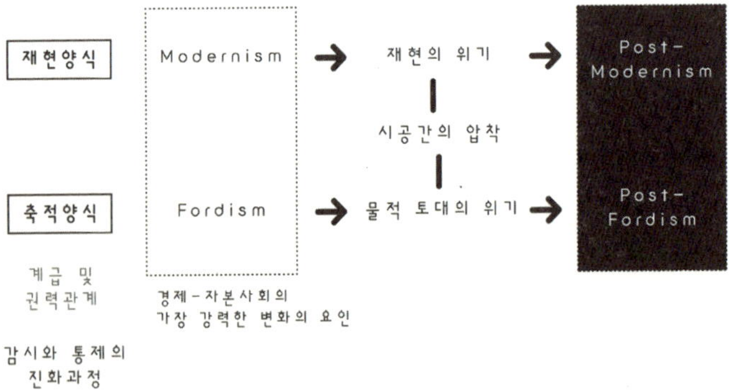

30

30. 하비안적 축적 구조

–시공간의 압축현상

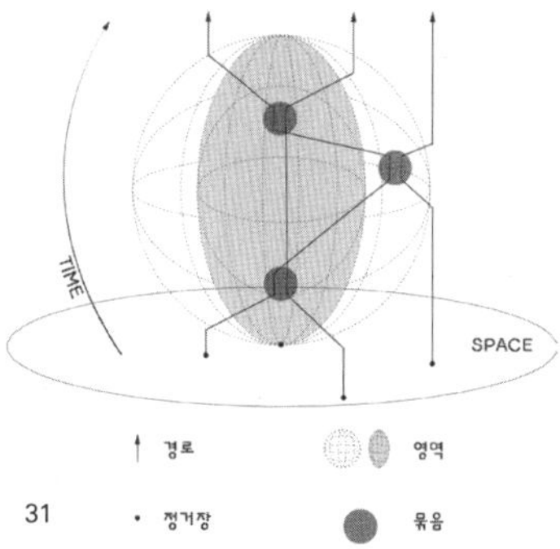

31

신자유주의는 시장 거래의 범위와 빈도를 최대화하면 사회적 선도 최대화할 수 있다고 주장하며 모든 인간 행동을 시장영역으로 끌고 들어가고자 했다. 이는 세계시장에서 의사결정을 유도하는 거대한 데이터베이스를 누적 저장 이전 분석 사용할 수 있는 정보창출 기술과 정보 처리 역량을 필요로 한다. 그러므로 신자유주의는 정보기술에 큰 관심을 기울이며(일부 학자들에게 새로운 유형의 정보사회의 등장을 주창하도록 하면서) 이를 추진한다. 이러한 기술은 시공간 모두에서 시장 거래의 밀도증가를 압축해 왔다. 이 기술은 데이비드 하비가 시공간 압축이라고 칭한 것의 매우 강력한 폭발을 만들었다. 지리적 범위가 커지고 시장계약의 기간이 짧아질수록 더욱 좋은 것이 된다.[35] 료타르의 포스트모던의 조건에 유명한 서술, 즉 '일시적 계약이 정치적 영역들에서뿐만 아니라 전문적 감성적, 성적 문화적, 가족적, 국제적 영역들에서 영구적 제도들'대신하게 되었다는 서술과 조응한다.

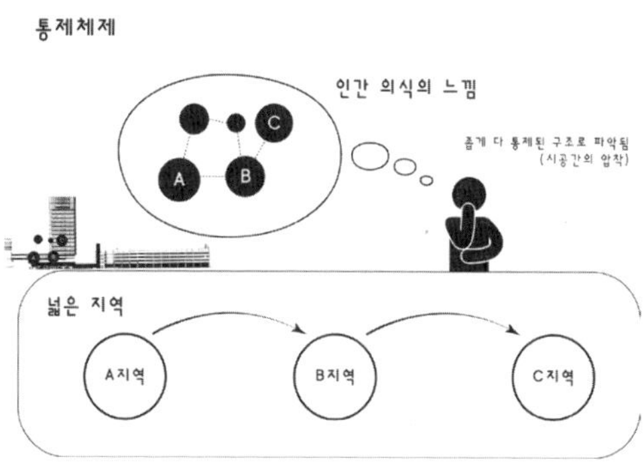

32

31. 시공간의 압축현상
32. 시공간의 압축현상
35) 데이비드 하비, 신자유주의, 최병두 역, 한울아카데미, 2009, p17

시공간의 압축현상은 도시공간구조가 재편되고 고도화 되면서 생겨나는 인간의 인지상태의 변화양상으로 볼 수 있다. 고층건물, 대형화된 건물, 복합화된 건물들이 없던 시절이나 교통이 빠르고 광범위하게 네트워크화 되지 않은 시절에 우리가 느끼는 공간의 인지영역은 도시가 스프롤 된 상태였다. 만원버스를 타고 한참 이동해서 직장이나 학교에 가서 생활하고 다시 그 이동거리를 거슬러오는 생활의 공간적 감각을 신체는 기억하고 있다. 그러나 오늘날의 상황은 이전과는 비교할 수도 없을 정도로 많은 변화가 일어났다. 예전 같으면 그렇게 멀리 느껴졌던 지방도시에 KTX를 타고 가서 업무를 마치고 집에 돌아와도 시간이 얼마 걸리지 않는다. KTX로 출퇴근 하는 사람들도 많아졌다. 그들이 느끼는 공간의 감각은 마치 자신의 집과 회사와 쇼핑공간 등이 KTX로 빠르게 이동하는 만큼의 시간의 거리로 느껴질 것이다. 대전에 살면서 서울역 앞의 사무소에서 일하고 서울역 내의 쇼핑공간에서 쇼핑하고 식사를 하고 집으로 돌아가게 되는 생활을 하면 마치 그 공간들이 이동하는 시간만큼의 하나의 공간이 합쳐져 있는 느낌이 들 것이다. 원스톱으로 모든 욕망을 해결할 수 있는 대형 복합쇼핑몰 역시 이러한 시공간의 압축현상이 벌어지는 장소이다. 이와 같이 오늘날은 이전과는 비교할 수 없을 정도로 빠른 교통수단과 건축공간의 대형복합화로 인해 압축현상이 가속화되고 있고 교통 결절점에는 TOD(Transit Oriented Development)등의 개발과 건축 디자인 등을 통해 도시구조 및 공간구조에도 많은 영향을 미치고 있으며 이것이 후기 자본사회의 중요한 특성으로 자리 잡고 있다. 이러한 공간들은 지역생활의 중심이 되고 있으며 교통의 중요한 결절점이 되어 많은 인구를 유입시키는 소비의 중심이 되어 습관적으로 소비하는 패턴을 일상화시킨다. 이러한 요소들이 소비적인 측면에서 바라보았을 때 시공간의 압축과 밀접한 관련이 있다.

-데이비드 하비의 신자유주의 비판

신자유주의가 득세하고 있는 현 상황에서 이야기되는 자유는 기득권의 경제적 이익을 자유롭게 취할 수 있는 규제를 제거하는 완전 자유시장을 의미하는 것이다. 따라서 경제의 주도세력에게는 자유시장, 자유 무역, 자유송금 사적 소유 등의 자유가 주가 된다. 완전한 자유가 보장된다는 것은 이렇게 기득권의 자본축적이 용이한 구조를 의미하는 것이다. 자연스럽게 신자유주의의 체계에서 상위계급과 기득권이 자신의 권력을 더욱 공고히 하고 자본의 순환을 빠르게 하여 쉽게 자본을 축적할 수 있는 사회적 인프라를 더욱 확충하고 이것에 방해되는 요소들을 차례 차례 제거해 나간다. 또한 복지국가로 대표되는 사회주의적, 분배적 정책에 반대하게 된다. 사회적 안전망은 신자유주의적 움직임에 위축되게 된다.

이를 위해 신자유주의적 질서 안에서는 이러한 통제구조를 공고하게 하기 위해 신자유주의적 욕망이 투사된 지리적 불평등, 공간적 불평등의 구조를 계속해서 발전시켜나가고 있다. 신자유주의 사회에서는 기득권이 기업이 자유롭게 활동하기 위해 탈규제, 민영화, 금융시장 개방, 자본의 지리적 이동, 선진국의 개발도상국 및 후진국의 각종 진입 규제를 철폐하는데 노력을 경주하게 된다. 또한 이를 성취하기 위해 각종 전략들을 계속해서 시행하고 있다.

신자유주의자들에게 가장 위험한 것은 자급자족의 문화와 NGO, NPO등의 사회적 기업문화등을 통한 지역주의가 고착되는 현상이다. 신자유주의화의 대응으로 기본적인 노동운동과 정치운동, 광범위한 시민사회운동과 민주적 거버넌스 체계가 필요하다고 주장한다. 신자유주의화 업적은 생산성 증대를 통해 자본을 축적(노동의 재생산에 의한 축적)이 아니라 불균형을 배분하는 것이며 하비는 탈취에 의한 축적이라고 정의하고 있다.

일상의 영역에서 그가 분석하고자 했던 것은 자본주의 논리가 장악한 일상영역에서 나타나는 인간의 소외문제였다. 일상성은 자본주의 체제가 만들어낸 새로운 사회현실이다.

제2차 세계대전 이후 경제성장기의 산업화와 도시화를 통해 자본주의가 그 때까지 완전히 장악하지 못했던 일상의 영역을 식민화했다.[36)]

다국적기업의 장악과 대량 소비문화가 만연하면서 하층민은 일상의 소비문화를 선망과 동경의 대상으로 생각하게 만들었다. 일상성은 자본주의적 생산양식의 확장이며 사회통제의 한 형태였다. 거대한 사회변화를 향한 좌파의 희망이 약화되는 것은 지배계급의 일상적 삶에 대한 관리와 조작 때문이다. 일상문화는 욕구와 만족을 제공하지만 동시에 결핍과 박탈감을 발생시킨다. 현대세계의 일상은 자본주의적 생산관계에 장악된 내적 식민지이지만 동시에 이런 상황을 깨뜨릴 사회적 실천의 잠재력을 내포하고 있다.

지금까지 통제와 관련된 담론에 대해서 살펴보았다. 근대 이후 생산양식은 달리 이야기해서 통제의 양식이라고 할 수 있다. 푸코가 언급한대로 이성의 시대에 들어오기 시작하면서 합리적이고 과학적인 이성을 바탕으로 하여 소위 이성적인 측면의 시각으로 정상이 아닌 사람들을 구분하고 분류하여 폭력적으로 격리시킬 수 있는 권위와 권력을 부가하게 되었다.

포디즘으로 대표되는 산업생산시대의 대표적 생산양식은 달리 이야기해서 자본시스템 하에서 사회를 이끌어가는 통제수단의 다른 이름이고 그것이 점차 세련되게 발전되어 가고 있다. 포디즘에서 포스트포디즘으로 발전하는 것은 통제양식이 좀 더 세분화되고 유연하게 발전하여 장기적인 관점에서 좀 더 생산이익을 늘릴 수 있는 방식이었다. 생산뿐만이 아니라 소비관점에서도 역시 안정적으로 대규모 소비를 할 수 있는 방식으로 전체공간의 쇼핑몰화 현상이 지속되었고 표현면에 있어서는 유동적인 매끄러운 형태의 디자인이 마케팅적 측면에서 필요한 경우 도입되고 기능적이어야 하는 공간은 철저하게 기능적으로 계획되는 것을 알 수 있었다.

36) 도시이론과 프랑스 도시사연구, 민유기, 심산, 2007 p88인용

소비와 관련된 공간에서 문제가 되는 것은 '쇼핑몰화 된 대규모 공간의 커뮤니티 공간이 진정한 의미의 공공공간이 될 수 있는가'이다. 상업적 주체의 통제를 위하여 상업적 이익을 위한 행위에는 제한이 없으나 공공의 사회적 정치적 행위는 배태되는 공간은 진정한 의미에의 공공공간에 한계가 있다. 따라서 건축가는 하버마스가 이야기하는 공공공간과 관련하여 의사소통의 합리성을 고민하여 공간화, 지리화시켜야 할 것이다.

건축의 통제구조와
PART 2
소비공간의 Mall화 현상

통제의 건축 각론사항과 Mall화 현상

푸코는 구조주의적인 사유방식을 바탕으로 하여 근대이후 권력과 통제와 관련된 시설들이 이성의 시기 이후 어떤 의도에 의해 탄생하여 진화를 거듭했는지에 대해서 연구했다. 이를 통해 현대사회가 거대한 감시와 통제의 공간으로 거듭나고 있음을 보여주었다.

우리는 앞서 포스트모더니티와 포스트모더니즘의 사회적 현상과 드러남의 학문적 부문이 어떻게 관계를 맺으며 변하여 왔는가에 대해서 포스트모더니즘의 사유를 살펴보면서 이해하게 되었다. 우선 모더니티에서 포스트모더니티로 변화했던 것에 대해서 사유에서 생산양식의 통제 양상에 대해서 살펴보았던 것을 상기해보는 것이 유용하다. 이것은 상호간의 영향을 미치면서 모더니즘에서 포스트모더니즘의 재현양식에도 변화를 가져오는 점을 논의했다. 후기자본사회에서는 생산공간과 함께 소비공간에 있어서도 막대한 변화가 나타난다. 이것을 우리는 포스트모던적 공간의 변화에서 살펴본 바 있다. 이를 살펴보는 것이 중요한 이유는 4권에서도 살펴 보았듯이, 생산구조는 다른 말로 하면 통제구조이고 소비구조와 함께 자본이 집적되고 움직이게 되는 근본적인 동력이 되기 때문이다. 따라서 이러한 과정은 하버마스와 료타르의 논의 내용을 살펴보면 자체의 모순을 극복하고 진화하면서 탈구조적 요소를 보충하면서 좀 더 통제가 강화되는 재구조화의 과정을 거치게 됨을 의미한다.

산업혁명으로 대표되는 포디즘은 생산과 인력의 효율적인 감시와 통제의 시스템이 되어 획기적인 대량생산을 이끌어갔으나, 점차 과도한 작업감시와 관리층의 비대화에 따른 정보효율이 둔화와 규율의 과잉으로 기업의 궁극적 목적을 상실시키고 불안, 소외, 동기의식의 상실을 가져왔다. 이것은 대단위의 노동자의 저항을 야기시켰으며, 사주社主에게 실로 엄청난 자본의 손실을 가져오게 만들었다.[37] 이것이 바로 조직적 통제와 감시의 기제에서 비조직적 감시체계로의 변환이 필요에 의해 자연스럽게 변화되게 된 계기가 되었던 결정적인 이유가 되었다.[38] 이른바 비조직적(유연적) 감시의 체제로 진화된 것이다.

이번 단계에서는 우선 관리 및 통제와 감시가 궁극적으로 물질화된 대표적인 시설인 교정 및 구금시설의 각론적 변화사항을 살펴봄으로써 포스트포디즘의 사회구성이 어떠한 양상으로 변화되고 있는가에 대해서 살펴보고 감시와 억압의 유연한 변화의 원인에 대한 사회적 의미를 살펴볼 것이다. 구금시설의 유연적 감시와 통제의 변화와 함께 일상생활의 소비용 건축공간이 이후 생산공간의 통제방식의 진화와 어떤 방식으로 감시와 통제 및 길들임의 요소들이 정교화 되고 세련화 되는지를 확인하면 상업건축공간이 어떤 방식으로 통제화 되면서 구조화되어 나가는지를 이해할 수 있을 것이다.

6011 통제(관리)의 직접적 변화 양상(교정시설의 변화)[39]

건축분야에 있어서 통제(관리)와 직접적인 관계를 맺고 있는 각론상의 시설은 교정시설일 것이다. 이번 주제에서 주된 논의를 이루고 있는 통제(관리)를 살펴보고 이해하기 위해 인간의 자유를 물리적으로 통제하는 가장 직접적인 시설인 교정시설의 변화과정을 살피는 것은 푸코의 계보적 접근방식과 같이 통제의 개념이 건축공간의 핵심으로 다가가는데 가장 효율적이다. 60년대 이후로 구금시설의 각론적 변화상황과 현대 사회상황의 변화과정 및 연계성을 살펴보고 구금시설의 변화상황이 의미하는 포스트포디즘의 사회구성이 어떠한 양상으로 변화되고 있는가에 대해 이해하게 되면 통제의 직접적 시설인 교정 및 구금시설의 통제양상이 어떻게 유연화되며 진화되

37) 전자감시사회, David Lyon, 한국전자통신연구소, 1994, p187

38) 비조직적 감시는 생산공정의 유연성, 노동통제의 유연성, 감시의 신기술 도입, 상호조절과 정보교환으로 요약될 수 있으며, 이것은 감시 및 통제의 유연적인 진화의 과정으로 설명할 수 있다.

39) 6011의 내용은 임기택, 교정시설의 건축적 변화와 유연적 클러스터화의 관계성에 관한 연구, 대한건축학회, 대한건축학회 논문집 - 계획계 26(4), 2010.4, 109-116 내용을 정리하여 요약한 것임.

어 가고 있는가를 확인할 수 있게 될 것이다. 모던시기의 직접적 구금시설의 발전과정과 60년대 말 이후, 획기적인 구금시설의 각론적 변화과정을 세부적인 변화사항까지 살펴 변화의 핵심을 이해할 수 있게 된다. 감시와 억압의 유연한 변화와 구금시설의 유연적 감시와 통제의 변화와 함께 일상생활의 소비 건축공간이 어떤 방식으로 감시와 통제 및 길들임의 요소들이 정교화되고 있는지를 확인해 볼 필요가 있다.

세대	단계	시기	구분	기본유형	결합형태	다이어그램	장단점	
1 단계	교육적 개선단계	18c말-19c 중반	원형		동일(보통 하나의단위)		장	가장 이상적인 방식 감시중심, 엄중중간
							단	일부일조 불리
			방사형			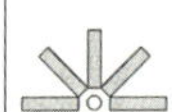	장	감시용이 통제용이, 공간완화
							단	일부일조 불리
2 단계	과학적 처우단계	19c말-20c 초	전주형	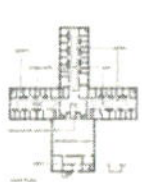			장	감시용이 통제용이 일조용이
							단	일부일조 불리 단조로운 형태
			일자형		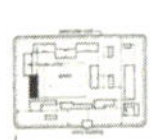		장	감시용이 대제제약 적용
							단	일부일조 불리 건설비 상승 단조로운 형태
			증정형	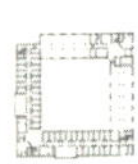	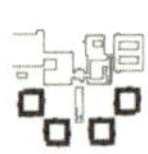		장	동단위 처우가능 계호용이
							단	복도길이 김 일부일조 불리

표. 구금시설의 감시와 통제의 직접적 각론시설

33

감금과 분류를 가장 직접적이고 물리적으로 강제하는 시설은 역시 교정시설 및 건축일 것이다. 이론적으로 보았을 때, 서구의 선진적인 현대 교도소 건축을 이끌어왔다고 할 수 있는 미국에서는 1826년경 펜실베니아주의 서부 교도소의 판옵티콘형이 곧 방사형으로 전환되었고 뉴욕주의 싱싱교도소의 경우, 내복도 형태로 된 건물로서, 1세기 정도 미국교도소의 기본적인 모형이 되었다.[40]

34

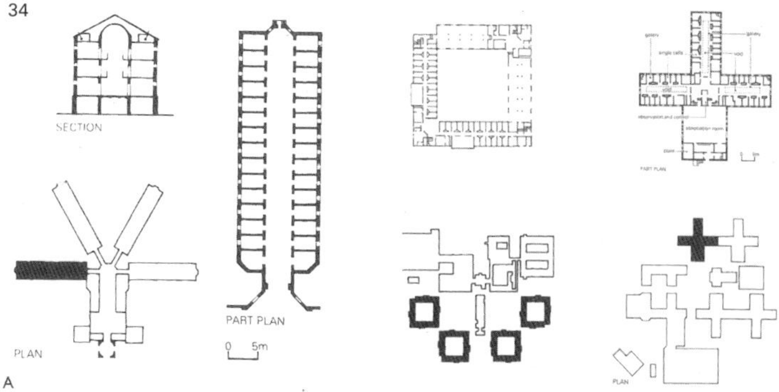

19세기까지의 미국 교정시설의 유형을 살펴보면 유럽의 구금시설의 유형을 따랐다. 20세기로 들어서면서 테일러리즘에 입각한 합리적 구금시설의 각론으로 변화되는 과정을 거치면서 진화되었다. 판옵티콘이라는 엄격한 비인간적 공간의 형식보다는 전체주의적인 시각에서 합리적으로 통제할 수 있는 방향으로 선회한 것이었다.

앞서 언급한 바와 같이, 적은 감시인원으로 가장 합리적이고 효율적으로 목

33. 미일망 감시식의 교정시설 식당전경

40) 문영삼, 선진 교정시설의 건축계획 특성과 기준에 관한 연구, 미국교도소 건축을 중심으로, 건축학회 22권 9호, 2006년 9월

34. 구금시설의 발전유형 방사형, 전주형 등 (19세기~20세기 초반)

적을 달성할 수 있는 이상적인 감옥시설은 판옵티콘의 형식인데, 이 감시방식은 곧 수용자들로부터 많은 반발을 야기시켰으며 오히려 교화에 악영향을 끼치게 된다는 인식을 갖게 만들었다. 점진적으로 당국은 판옵티콘 유형의 적용 및 사용을 꺼리게 되었고 이후 교도소 건축의 각론적 사항은 좀 더 전체주의적이고 이성적이면서 과학적인 처우가 가능한 시설들로 고안하고 실험하여 진화하게 되었다.

물론, 나라에 따라서는 범죄자들을 더욱 비인간적인 처우로 다스려서 다시는 감옥에 들어가고 싶지 않은 공간으로 만드는 것을 목표로 하고 비인간적인 처우를 널리 일반인에게 전파해서 일벌백계의 수단으로 사용하고 있는 나라도 있다. 일반인에게 감옥에서의 생활이 죽기보다 가기 싫은 곳으로 알려지게끔 하여 두려움의 상징적 공간의 수단으로 사용하고 있다. 그러나 장기적 효과에 있어서는 오히려 저항이 증대되는 단점이 있다.

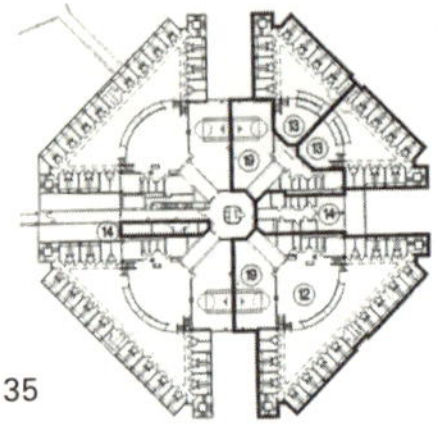

35

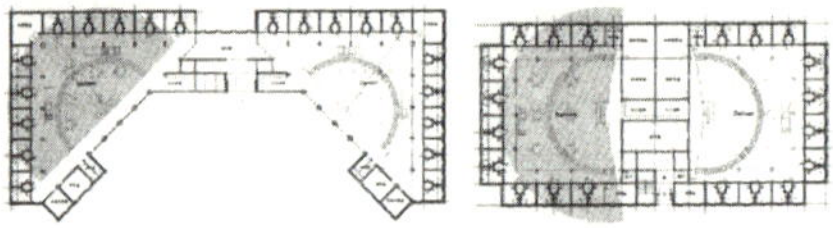

36

앞서 살펴본 바와 같이 모더니티의 특성들이 물성화(구체화)되는 재현양식은 이전과는 다른 방식의 건축 및 도시 공간구조임은 주지의 사실이다. 대규모 메트로폴리스의 출현, 대규모 군중의 밀집, 대규모 아케이드의 출현 등은 과학 기술문명과 모더니티의 현상들이 만들어내었던 현상들이다. 구금시설의 통제요소의 발전과 함께 이 시기에 일반시설에서 감시 및 통제와 관련하여 획기적으로 발전된 방법론으로는 수정궁과 대규모 공간전시의 일망 감시기법이었다.

35. 뉴욕, Lockport, Niagara County 교도소 유닛평면
36. 유연적 평면의 조합

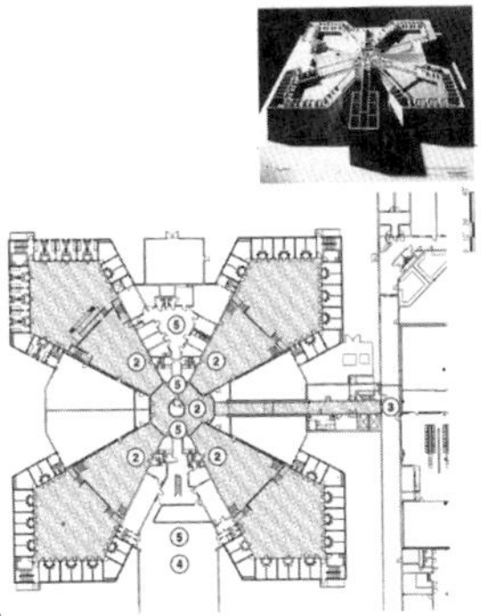

37

이처럼 감시와 통제의 직접적 시설인 교도소 건축의 각론적 사항은 판옵티콘형, 방사형에서 일자형, 중정형, 전주형 등의 전체주의적 형태로 변화하면서 보다 직접적이고 구체적인 감시와 교화, 일조 및 환기 환경을 경제적으로 구축하고 관리할 수 있는 방향으로 발전했다.

그러나 60년대 이후 통제 및 구금시설의 유연적 변화과정에서 사회적 보장단계로 분류되는 구금시설에서의 가장 큰 특징적인 변화는 직접적인 변화로서 유형적 특성에서 절충적, 클러스터적인 변화가 이루어지고 있다. 절충적인 형태로 변화한 가장 근본적인 이유는 유연적인 수용 및 장기적 관점에서 볼 때 교화가 더 효과적이었기 때문이다.

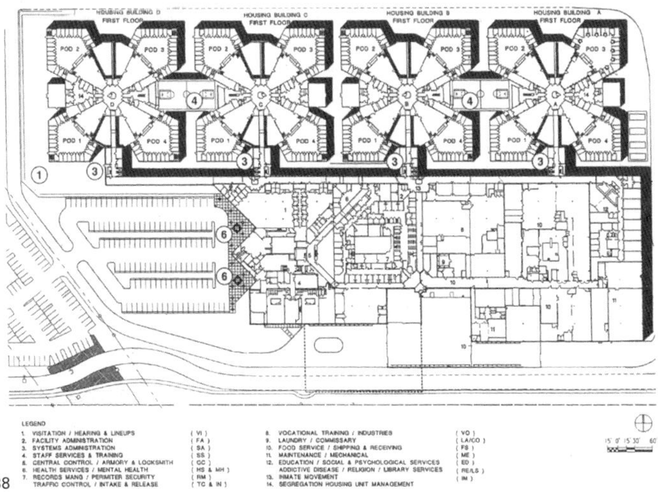

38

37. 펜실베니아, Curran Fromhold 교정시설 유닛 평면
38. 펜실베니아, Curran Fromhold 교정시설 배치도

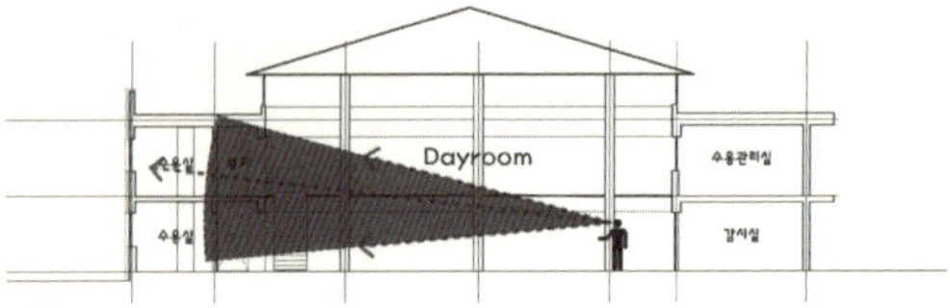

39

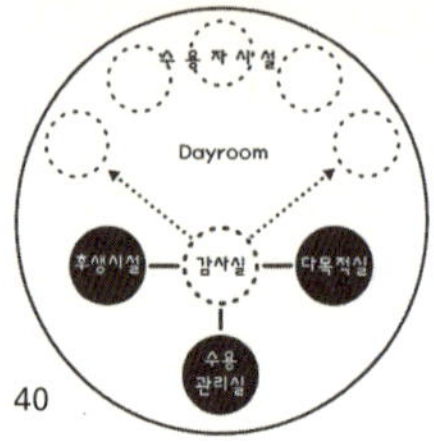

40

과학적이고 이성적 단계로 분류되는 사회적 보장단계에서의 교정시설은 매우 다른 유형을 보이고 있다. 기존 건축공간에서 한눈에 모든 건축적 특성과 통제방식을 인식하기 쉽게 되어 있는 평면과는 달리 이 시기의 유형은 다른 유형의 요소들이 덧붙여지면서 전체주의적 요소와 가변적 요소들이 덧붙여지는 과도기형의 요소들이 등장하고 있다. 이렇게 절충형의 방식은 계호(경계와 지킴)를 하는데 융통성을 발휘할 수 있으며 각각의 교화정책에 따라서 쉽게 변화시키고 적용할 수 있다는 장점이 있다. 이러한 변화가 일어나기 시작했던 시기는 1960년대 중반 이후 부터이며, 이 시기는 모던의 사유방식과 체계에 심각하게 의문을 제기하고 실천적 투쟁이 있었던 1968년의 전 세계적 사회폭동을 전후로 시기와 겹치고 있다.

세대	단계	시기	구분	기본유형	결합형태	다이어그램	장단점	
3단계	사회적 보장단계	1960년대-1980년대	절충형		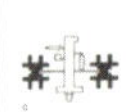		장	계호융통성, 변화에 적용용이
							단	일부일조 불리
		1990년대	클러스터형	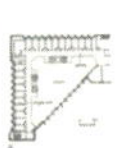		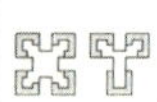	장	수용단위별처우가능, 교정중심, 새로운 외형가능
							단	계호불리 일부일조 불리 공용공간에 의한 면적 증가
		2000년대					장	수용단위별 처우 다양화, 정교한 교정화발전
							단	공용공간 더욱 소요

39. 클러스터형 유닛의 단면 다이어그램
40. 클러스터형의 간략한 다이어그램

절충형과 클러스터 형에서 나타나는 주요한 특징은 이전 시기와 비교했을 때 소규모의 감시인원이 상대적으로 소규모의 인원들을 교화하는 시스템으로 클러스터화 되었다는 점에 있다. 이 시기를 전후하여 몇 가지의 실험을 통해서 건축적 효율성을 고려한 이등변 삼각형의 유형이 정착되었다. 감시 및 통제실은 각각의 클러스터가 4개가 모여 하나의 별도의 영역을 이루게 되고 중앙에 연결되어 효율적인 통제가 이루어질 수 있고 보호되는 영역의 통제실(감시실)이 위치하게 된다. 재소자들이 충분히 자유로운 공간에서 생활을 영위하고 있다고 느끼는 가운데 더욱 철저하고 유연적인 감시와 통제가 가능해진 구조로 진화된 것이다.

이렇게 50년대 이전의 전체주의적 공간이 관리와 교도관 등의 인력이 적게 드는 유형이고 또한 디지털 시대에 전자감시가 결합되어 손쉬운 통제가 가능함에도 불구하고 오히려 인력과 비용의 효율이 떨어지는 클러스터화 된 공간으로 변화하는 이유는 무엇일까?

간단히 결론을 이야기하자면, 클러스터형의 이 시스템이 장기간에 걸쳐 교화이 결과기 매우 우수한 유연적 관리 및 통제구조였기 때문이다. 이전의 예측가능한 완벽한 통제구조와 전자감시가 강화된 구조속에서는 수용자들이 극도의 불안감 및 스트레스를 받아 오히려 교화에 부정적으로 반응하여 폭동 및 불법을 저지르는 확률이 높았던 이유 때문이다. 클러스터형은 결국 예측되는 순응과 자율적인 통제 시스템의 진화과정에서 나온 산물로 보아야 할 것이다. 결과적으로 클러스터형의 교정시설은 인간적인 처우를 바탕으로 하는 듯 하지만 거부반응과 폭력사태가 발생하지 않으면서 장시간에 걸쳐 바람직한 방향으로 피수감자들이 예측가능한 수준에서 효과적으로 교육이 이루어질 수 있는 공간적 유형이 되었다. 인력으로 계호가 힘든 부분은 전자감시장비를 이용하게 된다. 이렇게 통제공간의 클러스터화는 궁극적으로 장기적인 관점에서 더욱 강력한 효과를 발휘하는 방법론이 되고 있다.

마찬가지로 자본사회의 유연적 변화과정에서 전체주의적이고 테일러리즘에 입각한 비인간적 처우의 공간구조는 생산성을 이상적으로 끌어올릴 수 있고 예측가능하게 만들어 주는 것처럼 보인다. 그러나 그렇게 여겨지는 합리적 공간이 오히려 폭력과 불안과 긴장을 야기시키면서 생산성을 떨어뜨리게 만들었으며 그것이 노동자 파업 등의 대규모 자본손실로 이어졌다는 것은 아이러니하다. 인간은 기계가 아니라 감정과 무의식을 지닌 생명체이기 때문일 것이다. 실제로 이러한 통제 요소들이 극에 달했던 60년대 중 후반에 전 세계에서 전방위적으로 학생시위와 사회적 폭동이 계속해서 발생했던 것과 무관하지 않다. 이러한 일련의 사건들을 통해 자본주들은 유연한 통제와 생산구조의 실험을 통해 자율적인 생산방식의 효율성을 인식하여 이러한 구조로 변화를 시도했고 관리 및 통제 요소는 전자감시체계와 세련되고 장시간의 훈육을 통해 일상의 길들임으로 나타날 수 있는 장치들로 진화하게 되었다. 생산공간에 있어서도 포디즘의 전체주의적인 단일공간에서 다품종 소량 생산을 가능하게 하고 팀장급이 자신의 생산공간을 갖는 클러스터 형으로 변환되게 되었다.

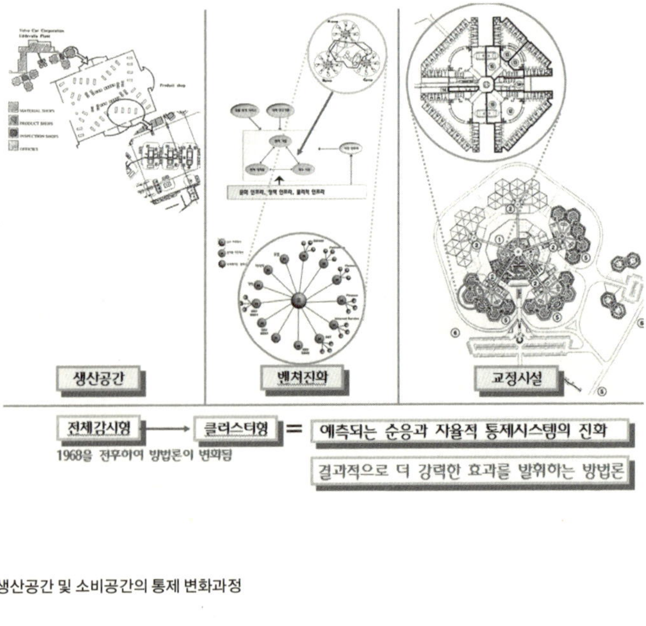

41

41. 생산공간 및 소비공간의 통제 변화과정

판옵티콘형에서 전체주의적인 유형으로의 변화를 거쳐 적정 규모의 인원들이 인간적 처우를 받으면서 클러스터화 되는 유형의 요소들로 변화하게 되는 데에는 포디즘에서 포스트포디즘의 사회구조의 변화가 주요한 이유로 작용했다. 자본주의 시스템 하에서는 안정적으로 생산과 소비의 주기를 빠르게 하여 자본을 축적하여야만 각 개체가 생존할 수 있으며 경쟁력을 가질 수 있다. 이윤을 추구하는 기업과 사회적 시스템이 공고화 되면서 사회의 가치와 기준은 자연스럽게 이러한 흐름에 발 맞추게 되고 지리, 도시, 공간도 자연스럽게 이러한 논리에 순응하게 되고 그러한 욕망을 공간에 투사되기 때문이다. 그렇다면 소비공간은 어떻게 변화했을까? 자연스럽게 건축적 각론에 해당되는 시설들은 자본주의적인 시각으로 바라보면 생산, 소비, 생산을 위한 하위공간(주거공간 등)으로 나눌 수 있다. 권력은 통제하고자 하는 욕망의 다른 이름이며 권력의 욕망은 공간에 투사되기 마련이다.

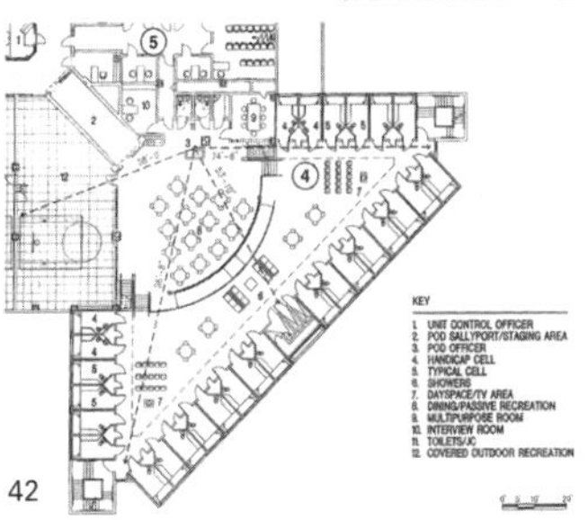

42

43

생산공간은 합리적, 이성적으로 계획되고 통제되는 공간이다. 생산공간의 변화와 함께 소비 상업공간의 경향 역시 유연한 관리 및 통제구조로 변화하게 된다. 50년대까지의 각론적 완성으로 페디스트리언 지대와 코트와 테넌

42. 뉴욕, Oriskany, Oneida County 교도소 유닛 평면
43. 클러스터형 유닛의 전경

트의 조직화와 공간구성방식의 공식화가 이루어졌고 이후 좀 더 효율적으로 소비욕망을 자극하고 감시와 통제가 용이한 구성과 표현방식으로 변화해 나갔다. 물적 토대의 위기에 따른 공간구조의 변화는 구금시설에서도 확연하게 구분할 수 있다. 이상적인 시각으로 보면 가장 효율적인 시설은 판옵티콘이다. 그러나 전자 감시체계보다 클러스터화되면서 일상을 길들이는 유연적 감시와 통제체계가 구금시설에서도 기본적인 형태로 정착되었다.
모더니티에서 포스트모더니티를 사유해보면 생산양식의 통제 양상을 통해 포스트모더니즘의 재현양식에 변화가 있었음을 알 수 있다. 후기자본사회에서는 생산공간과 함께 소비공간에 있어서도 막대한 변화가 있었다. 생산구조는 다른 말로 하면 통제구조이며 소비구조와 함께 자본이 집적되고 움직이게 되는 근본적인 동력이 되기 때문이다. 50년대에 미국에서 최초로 완성된 쇼핑몰의 각론적 사항이 70년대 이후 각종 이벤트적인 요소들이 첨가되고 공공과 민간이 합작하는 경향이 강화되면서 공권력에 해당되는 요소가 Mall 내부나 내부가로에 배치되며, 공동화 현상을 막기 위해 주거지 및 호텔을 적절하게 배치시킴으로써 자율적 통제의 방향으로 나아가고 있다.

44

44. 클러스터형의 교정시설 모델 스터디 과정

구금시설의 발달사를 살펴보았을 때, 19세기말로부터 현재에 이르는 변화 과정에서 눈에 띠는 변화는 1960년대 말의 변화였다. 이 시기는 포스트포디즘의 변화와 함께 재현분야에서는 포스트모더니즘의 경향이 나타나기 시작했던 시기이다. 앞서 살펴본 바와 같이 구금시설의 경우 이론적으로는 판옵티콘의 건축적 유형이 가장 인력이 적게 들면서 감시의 효과가 좋은 효율적이고 이상적인 모델이었다. 그러나 이상적인 모델이라는 생각과는 달리, 감시의 과다함과 감시의 비인간화는 오히려 계도 및 교화에 악영향을 끼치게 되면서 이후, 전체주의적인 구조로 바뀌고 이후 절충형을 거쳐 클러스터형으로 바뀌게 되었다. 클러스터화되는 것의 매커니즘은 건축, 도시의 구성 매커니즘과 비슷하게 안정적인 네트워크 통제가 가능한 것이 특징이다. 모더니즘으로부터 포스트모더니즘의 양식이 변화된 근본적인 이유에는 생산양식의 불가피한 변화가 생기는 재현양식의 변화가 있었기 때문이다. 자본은 순환주기가 빨라지면서 안정적인 방향으로 자연스럽게 진화하게 마련이다. 비용 면에서 더 많은 자원과 인원이 필요하지만 장기적인 관점에서 더욱 공고하고 안정적인 방향으로 계도를 할 수 있는 방식인 클러스터화 되는 방향으로 전개되어 나갔다.

사회의 변화에 있어서도 상업화되면서 클러스터화 되어 효율적이고 안정적인 가버넌스가 가능한 방향으로 전개되면서 글로벌화되는 가운데 글로컬화되는 과정이 강화되었다. 감시와 구금의 직접적인 유형이 되는 구금시설의 경우에도 60년대 이후에는 25~30명의 수감인원과 교도관이 한 단위가 되어 클러스터화되었고 장기적이고 안정적인 환경에서 교도의 효과가 좋은 시스템으로 진화하였듯이 상업화의 경우는 아케이드에서 백화점으로 다시, 건축공간의 Mall화로 대변되는 유연하고 안정적인 상업적 공간으로 진화되었다. 활기 넘치는 이러한 공간은 커뮤니티 공간으로 이야기되기도 하지만 엄밀한 의미에서의 자유의 공간이라기보다는 상업적 이익을 내는 기능에만 안정적인 통제하의 한정된 자유 공간임을 느낄 수 있으며 그것을 뒷받침하기 위해서 다양한 건축적 방법론이 결합되면서 안정화를 꾀하는 대규모 복합공간으로 진화하는 역사를 보이고 있음을 확인할 수 있다.

6012 생산공간에서 소비공간의 변화 과정

경제의 모습은 유기체와 같은 성격을 띠게 된다. 경제의 주체가 바로 인간의 욕망과 니즈에 근거하여 작동하기 때문에 경제는 당연히 인간의 욕망을 대리적으로 구체화하며 움직이게 된다. 이러한 공간의 구조와 표현은 이러한 욕망의 힘을 투사하며 반영하게 되므로 경제의 진화과정과 마찬가지로 자체적인 진화의 과정을 거치게 마련이다. 진화란 어떤 것이 시간을 거치면서 다른 것으로 변하는 것, 또는 한 체계가 내생적으로 생성된 변화에 의해 시간이 흐르면서 변형되는 것을 의미한다.

앞에서 살펴본 바와 같이 네트워크조직은 각 기업들과의 부분에서 상호 겹칠 수 있는 부분의 조직들이 분화하여 서로 공유하면서 비용을 절감하고 유연성을 증대시킬 수 있는 네트워크 체계를 구축했다. 이것은 효율성을 증대시키고 자본의 이익을 더욱 꾀할 수 있는 네트워크형 조직으로 진화해나가고 있다. F형 조직과 D형 조직에서는 수직적 계약의 연결망으로 기업이 구성되었으나 이제는 수평적인 상호연결활동을 통해 구성원들의 노동 서비스를 교환하게 되었다. D형 조직에서는 사업부 간의 거래를 내부거래로 하여 형식적으로 자금이 교환되는 것처럼 취급하였으나 네트워크형 조직에서는 구성원이나 사업부 간에 철두철미한 시장 교환형태를 갖추고 있다.[41]

포스트포디즘의 유연적 생산구조의 시발이 되는 사례는 Volvo 자동차 우데발라 생산공장의 사례와 도요타 자동차 생산공장 시스템이 대표적인 사례이다.[42] 이 공장들에서는 일괄적인 대규모 조립라인이 아닌 다품종 소량생산을 위한 세분화된 생산조직이 각자의 가장 적합한 시스템속에서 분화되어 팀 별로 생산력과 정확성과 책임감을 가지고 생산에 임하도록 변화되었으며 그에 따른 기술과 조직의 변화가 수반되어 생산과 정확도를 획기적으로 높일 수 있었다.

41) 경제 진화론 유동운 선학사, 2000. p266
42) 포드주의와 포스트포드주의, 이영희, 한울, 1994, p131

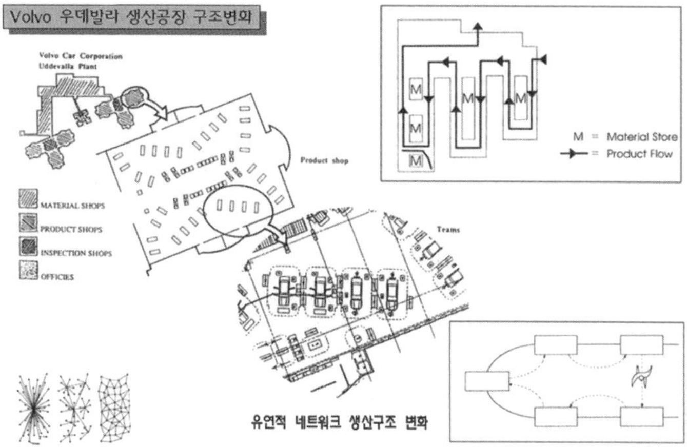

45

46

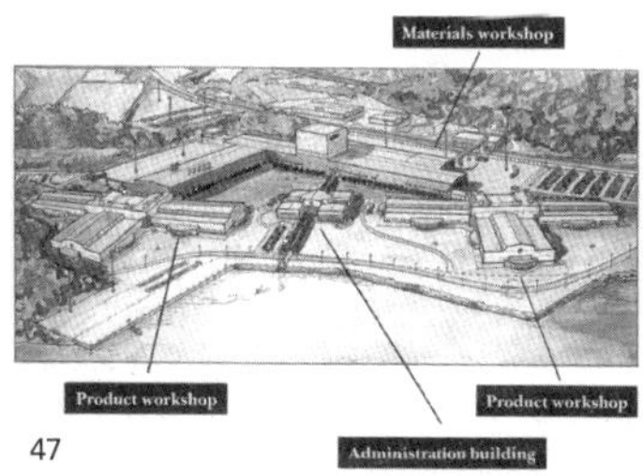

47

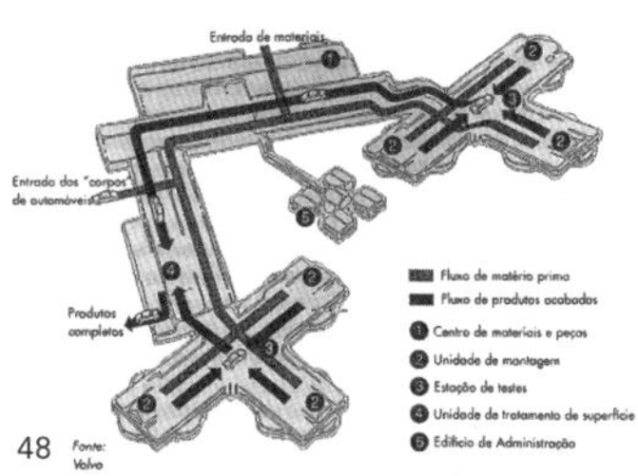

48 Fonte: Volvo

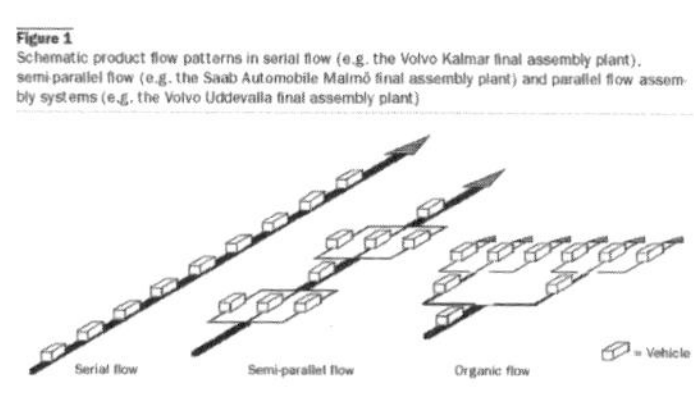

49

45. 생산구조의 유연적 변화과정 양상
46. 볼보 우데발라 공장의 전경
47. 우데발라 공장의 주요 기능 배치
48. 우데발라 공장의 공간구조와 작업흐름
49. 전통적 포디즘 공장의 작업흐름 도와 우데발라 공장의 작업 흐름도

건축공간의 매스에서 보다시피 이 공간은 콘베이어 벨트로 대표되는 전체주의적 포드 자동차 공간의 대규모 생산 공간과는 달리, 공간의 분화를 통해 일괄적이고 일방향적인 작업흐름을 보이는 것이 아니라 중앙행정동의 최소한의 관리를 받으면서 각 조립팀별 공간을 부여받고 각 팀의 작업방식에 따라 생산성을 높일 수 있고 인센티브도 획득할 수 있는 구조로 되어 있다. 결과적으로 놓고 보았을 때, 사측은 대규모 관리체계 보다는 자율적인 관리와 인센티브로 작업자 간 자율적인 상호 통제와 관리 하에 생산성을 안정적으로 늘리고 효율성을 높이는 방식을 택한 것이었다. 그 결과는 대단히 성공적이었다. 이 사례를 통해 인간은 객관적 효율성만으로 설명할 수 없는 영역이 존재하므로 유연한 자율적인 관리 통제 시스템이 오히려 더욱 공고한 관리시스템이 될 수 있음을 보여줌을 확인할 수 있다.

또한 대표적인 유연적 3차 산업 생산구조인 컴퓨터 관련, 창조적 생산관련 조직은 모두가 다양한 출자구조와 유연적인 생산구조를 지닌 것이 특징이다. 자연스럽게 이러한 생산구조의 변화는 공간구조와 표현부분의 재현양식에도 막대한 변화를 가져오게 했다.[43)]

–노동조직의 유연성 변화

노동조직에 있어서도 협상과 이익을 위해 단체협상에서 유연적 협상을 위한 조직체계로 변화되었으며 한편 기업에서는 업무효율화를 위해 노동구조의 다양화를 통해 업무효율과 비용의 절감을 가져올 수 있도록 하고 있다. 노동조직도 거시적인 시각에서 보면 자신의 이익을 위해 재구조화의 과정, 즉, 유연적체계로 변화하고 있다는 것을 확인할 수 있다.

포드주의적 노사관계의 유연성을 추구하려는 노력은 기업의 의사결정에 대한 노동자의 참여의 확대와 단체교섭의 분산화라는 형태로 나타났다. 노동자의 참여는 노조의 힘을 분산시키는 효과를 가져오면서, 노동자의 집합적인 연대의 가능성을 더욱 제약하고 있다. 이렇게 되면 자본과 노동의 힘의

43) 벤쳐진화의 법칙, 손동원, 삼성경제연구소, p280

관계는 더욱 비대칭적으로 될 것이다. 즉, 생산력 향상을 위해 유연적으로 네트워크화 된 생산방식의 변화에 따른 조직적, 공간적 변화가 일어났다. 포스트포디즘의 유연한(세련된) 통제로의 변화는 유연적 공간체계를 통해 상호 자율감시와 일상의 규율, 암묵적 교육, 전자 감시기제 등을 통하여 직접적인 폭력보다 더욱 효율적인 일상의(장기적으로 안정적인) 통제를 가능하게 했다. 이제 관리 및 통제의 의미와 현대사회에서 소비영역의 건축공간이 어떤 방식으로 통제가 이루어지는지 살펴보도록 하자.

–건축의 상업적 통제 양상

생산구조의 변화에 따른 공간구조의 변화와 함께 소비공간의 구조 역시 민감하게 변화하게 되었다. 원활한 생산과 안정적으로 대규모 집합 소비를 꾀할 수 있는 공간이 필요함에 따라 상업공간의 재현적 요소와 공간적 요소 역시 발빠르게 변화해왔다. 이러한 시각에서 쇼핑몰이라는 건축각론적 시설이 탄생하고 Mall화 되어가는 과정 역시 생산과 소비를 더욱 안정적이고 효율적으로 진화시키기 위한 방법론이 계속해서 진화해 나가는 것으로 생

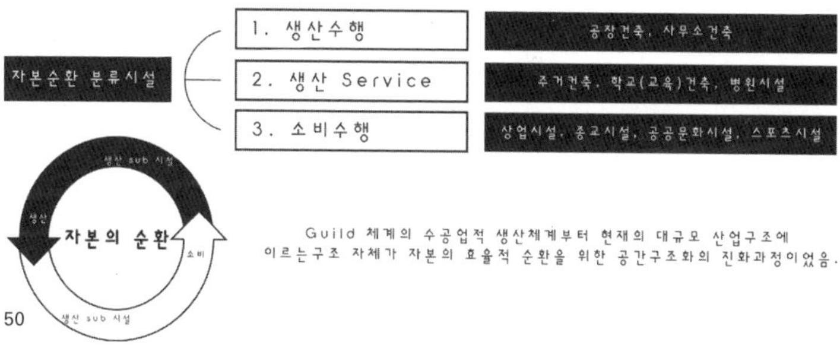

50

각할 수 있다.

경제적인 측면에서 건축을 각론상으로 살펴보면 생산을 수행하는 건축(공장, 사무소)과 생산을 서브하는 시설(주거건축, 학교건축, 병원시설 등)과

50. 경제적인 건축각론상 구조

소비시설(상업시설, 문화시설, 스포츠시설)등으로 분류할 수 있다. 문화시설과 스포츠시설, 종교시설은 생산을 위한 휴식과 여가를 위한 시설이기도 하므로 생산을 돕는 시설로 볼 수 있지만, 한편으로 현재의 삶에 있어서 모든 원동력이 자본에 의해 움직이는 과정에서는 이러한 시설들도 사실상 소비수행의 시설들이다. 이러한 시설들은 길드Guild 체계의 수공업적 생산체계로부터 현재의 대규모 산업구조에 이르는 구조 자체를 자본의 효율적 순환을 위한 공간구조가 진화하는 과정으로 생각할 수 있다. 따라서 소비공간의 변화에 대한 고찰은 현대자본주의 체계상의 공간구조가 어떤 방식으로 구성되는지 알 수 있는 단서가 된다.

–쇼핑 Mall의 유형

현대적 의미의 쇼핑몰은 20세기 동안 창조된 컨셉과 아이디어의 발전이 일궈낸 산물이다. 이러한 공간은 현대인의 실질적인 시간을 보내는 생활의 중심지가 되고 있다. 쇼핑몰의 시초는 1920~40년대에 처음 등장했는데 당시에 쇼핑센터는 비록 단순한 구조였지만, 차를 이용하는 소비자들에겐 많은 편의를 제공했다. 소비자들이 여러 시장을 이리저리 전전할 필요 없이, 차를 한 곳에 세워 놓고 원하는 것을 쇼핑몰에서 모두 구매할 수 있는 구조는 자연스럽게 각론적 발전과정을 가져왔다. 1960년대 초까지 각론적 완성을 보았던 지역중심의 Mall은 상업공간과 관련된 심층 구조가 완성된 것과 같은 의미를 지닌다. 이러한 쇼핑몰들은 각 지역의 중심에 위치하며 서로간의 영역에서 경쟁하면서 적절한 위치에 균형을 이루면서 배치된다. 이후 테마유형의 복합 쇼핑몰들은 테마를 강조하면서 유동인구의 유입가능성을 높이고 더 넓은 지역을 관장하면서 현대인의 일상생활과 더욱 밀접한 관련을 맺게 된다. 제 2차 세계대전 이후 미국의 교외화 이전의 소매 판매망은 도시내의 대규모 판매단위(백화점)를 가진 도심 상가 주변에 조직되어 있었다. 주요 교외화가 이루어진 후, 판매를 위한 CBD의 집중도는 떨어졌다.[44]

44) 본격적으로 Mall이 발달하기 이전에 상업적으로 가장 많은 이득을 보던 곳은 CBD내의 전통적 상업가로에 중심을 차지하던 백화점이었으나, 오늘날 CBD내의 백화점이나 대형 쇼핑Mall은 하위중심지가 생활의 중심이 되는 가운데 하위중심지의 복합Mall의 판매량을 따라가지 못하고 있다.

6013 아케이드에서 Mall의 변화과정[45)]

새로운 상업공간의 가능성을 보여준 것은 1851년 영국 만국박람회의 수정궁이었다. 철과 유리로 구축된 1851년 런던 세계 산업 박람회의 수정궁은 불확정적 공간의 경계를 형성했다. 불확정적인 공간경계의 형성은 철과 유리로 인해 형성되는 외부적 공간감과 수정궁 내부에 설치된 외부요소들 때문이었다. 또한 내, 외부의 전도로 발생하는 공간의 이중적 성격이 부여되었다. 이러한 이중적 성격의 애매함이 공간구조부분의 경계해체 현상으로 간주할 수 있으며 도시풍경을 공간 안으로 끌어들인 효과를 만들어 낸다. 19세기 시민들은 비물질화된 수정궁의 공간을 통해 외부공간처럼 끝없이 펼쳐지는 공간의 무한성을 경험하고 인식했다. 이 건물의 역사적 의미는 근대적 합리주의, 건설비용의 최소화, 건설 과정의 합리화에 있었다. 이런 요소들이 중요한 점은 당시의 철과 유리로 대표되는 산업화와 함께 상업화된 공간의 시초를 이루면서 새로운 소비유형과 유흥의 공간을 구축했다는 점뿐만 아니라, 심리적부분에 있어서도 시스템화된 것에 그 의의가 있다.

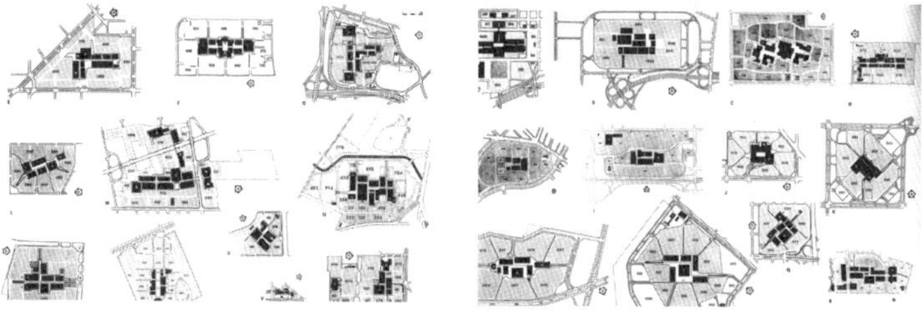

51

19세기 중엽에는 백화점이 탄생했는데, 이 장소는 자체의 구매력과 가격 조정능력을 가진 새로운 근대적 소비공간으로 등장했다. 길드식 수작업에서 벗어나 공장생산에 의한 상품의 대량 공급이 이루어짐에 따라 보다 효율적이고 광범위한 판매가 요구되었다. 초기의 폐쇄적 성격의 특정 계층의 전문

45) 6013, 6014의 내용은 임기택 외 2인, 쇼핑몰化의 전개과정에 따른 공공영역 축소현상에 관한 연구 대한건축학회논문집 계획계 : v.23 n.8(2007-08)의 내용을 요약한 것임.

51. 쇼핑몰 각론의 진화과정

물품을 팔던 아케이드와는 달리, 백화점은 구매의무를 강요하지도 않았으며 또한 자유로운 출입까지를 보장했다. 즉, 그것은 구매자를 위한 소비공간이었다. 백화점의 내부에는 건물 전체를 가로지르는 시선의 축이나 조망이 전혀 없었으며 결과적으로는 폐쇄적인 공간을 형성했다. 부유층 백화점에서는 최소화된 복도와 폐쇄적인 단위매장 등을 통해 구체적인 구매의지의 충족과 특정 고객만을 위한 배제의 전략을 보여주고 있다. 한편, 중, 하류층 백화점은 최대한의 복도와 개방적인 단위매장을 확보함으로써 상품 진열과 비교를 통해 구매충동을 자극하기 위한 고객의 움직임을 활성화하는 '수용의 전략'을 보여주고 있다. 20세기에 들어와 60년대까지 완성된 쇼핑몰의 각론은 20년대 상점가가 밀집되어 대형 주차장을 만든 사례로부터, 고객 유인요소Magnet를 중심으로 임대상가와 페디스트리언 지대와 코트를 배치한 조합가운데 가장 편하게 주차장에서 매장으로 들어올 수 있는 유형에 초점을 맞추어 각론사항이 발전했다.[46)]

빅터 그루엔은 50-60년대 많은 몰의 계획에 참여하면서 상업적으로 가장 효율적인 공간구조와 면적 및 구성을 완성한 인물이다. 많은 실험을 통하여 240m 정도가 가장 적절한 길이의 쇼핑가로가 되고 그에 따라 공간의 구성이 변화하여 나간다는 사실을 입증해냈다. 즉, 현재의 인클로즈드 몰의 개념과 방법론을 가장 먼저 정립해 냈다.

구분	아케이드	백화점	쇼핑 Mall
시대 생산방식	길드에서 대량생산으로	산업혁명 이후 대량생산	대량생산, 집합적 소비
고객 수용방법	직접적 배제의 전략	간접적 배제의 전략 (간접적 암시)	적극적 수용의 전략
구매욕구	구체적 구매의욕	구체적 구매의욕	비구체적-충동구매 자극
주 고객층	소수 특정 상류층	중상층 위주, 일반 개방(간접배제)	중산층 이하
매장의 크기	적절매장과 쇼윈도우	최소화 복도, 조망의 최소화	넓은 매장과 휴식공간
건축적 구성	입구부터 배제의 장치작용	폐쇄적 단위매장 암시적 위계의 영역성	매장 및 테넌트 유입장치 (박물관 미술관의 구성요소)
입지특성	전통상업가로	도심 CBD내	교외간선도로변 도심지
건축적 특성	분할된 내부연결 (협소한 사적도로 의미) 내외부 전도(경계해체)	소규모 고급화 거리(명품코너)	쇼핑몰 각론완성, Junk Space화

46) 전술하였던 바와 같이 형태상으로 Mall을 분류하는 기준은 덤벨형과 클러스터 형을 기본으로 L형, Y형, T형, 변형덤벨, 변형 스퀘어형 등으로 분류할 수 있다. 그러나 실제로는 임대공간과 페디스트리언 지대의 결합의 유형에 따라 나뉘게 된다. 각론적 완성의 과정을 살펴본 바와 같이 좀더 잠재 소비욕망을 부추길 수 있는 적절한 크기로 페디스트리언 지대와 코트 그리고 임대매장 면적과 위치를 고려하면서 적절한 크기와 함께 가장 인공적으로 환경 및 각종 사항을 통제가능한 방법론이 된다.

표. 아케이드, 백화점, 쇼핑몰의 변화와 특성분석

이렇듯, Mall의 각론상의 변화과정 중에 50년대까지의 Mall의 각론적 완성은 안정된 대량소비를 통해 생산시설과 함께 원활한 소비를 할 수 있는 자본시스템의 발전과정이라고 말할 수 있다. 이것은 다른 말로 하자면 세계 어느 곳에서도 통용될 수 있는 소비공간의 법칙, 즉, 소비공간의 심층 구조를 만들어낸 것이라고 할 수 있다.

단계	사진	다이어그램	배치도	특징
1			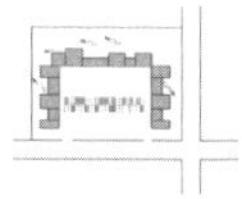	당시 진보적인 근대쇼핑센터 길가의 상점들 앞에 주차가능(1922) 초기 번화가의 주차공간
2			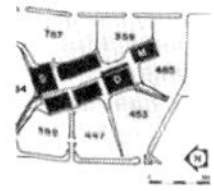	대도시의 센터와 떨어져서 거대한 주차장을 지닌 독립된 위치에 건설 Glendale 센터, Indianapolis
3			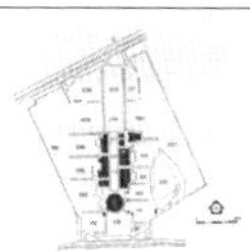	첫번째 2층 쇼핑센터 덤벨형의 중간단계 Shopper's World, Framingham, Massachusetts
4		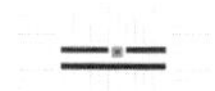	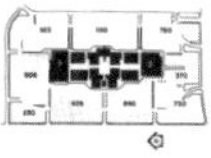	덤벨형의 기원 다른 전문 상점들과 더불어 주요 백화점 포함 Northgate 센터, Seattle
5				최초의 "Cluster layout" 타입 한개의 백화점과 그 주위를 점포들이 원처럼 둘러싸고 있는 형태 Northland 센터, Detroit 근교
6			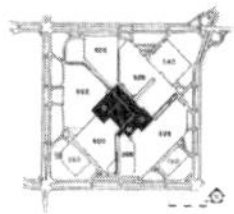	최초의 완전밀폐된 몰 소매 쇼핑 경험 혁신, 완전한 중앙공기조화 완벽히 통제된 쇼핑 환경 창출 Southdale Shopping Center, Minneapolis

표. 20-60년대초까지의 몰의 각론 완성과정

시기		점포 명	장소	건축적 특성	특이사항
년대	년도				
1900 -10년대	1907	Roland Park 쇼핑센터	Baultimore	당시 진보적인 근대쇼핑센터 길가의 상점들 앞에 주차 가능 단일 고층 건축물 안에 근린상점군 오픈	유행을 타는 교외 거주 지역에 건설
1920 년대	1920	Country Club Plaza	Kansas City	교외 지역에 위치한 이점을 살려 전통적인 가로망 패턴 맥락의 한 단위로 계획 건물들 주위에 자동차의 이용증가에 맞추어 자유로운 주차 공간 마련	새로운 쇼핑센터의 원형 개념을 한 차원 발전시켜 통합된 쇼핑지구 개발
	1928	Grandview Avenue Shopping Center	Ohio Columbus	편의성 점포의 전형 일렬의 30개의 점포 연속	400여대의 주차공간 가능
1930 년대	1931	Highland Park Shopping Village	Dallas, Texas	통일된 이미지, 부지내 큰길에 의해 양분되지 않으며 대로와 떨어져 있는 혁신적인 디자인 대상(帶狀:Strip)쇼핑몰의 기원	최초의 계획된 쇼핑센터 Country Club Plaza와 동일 오너에 의해 운영됨
	1937	River Oaks Center	Houston	30년대 시대의 획을 그은 건물. 판매 실행과 상인조합에 기초한 임대료 부분대여와 같은 혁신의 선구	경쟁력을 유지하기 위해 임대복합, 광고 및 판매촉진 활동, 공동유지, 안전, 이미지 조율기법-이정표
1940 년대		Montgomery Ward Shopping center	Fort Worth	쇼핑몰과 기차 우편 집중국의 역할을 동시에 수행	대도시의 센터와 떨어져 서 거대한 주차장을 지닌 독립된 위치에 건설
1950 년대	1951	Northgate Shopping Center	Seattle	덤벨형의 기원	다른 전문 상점들과 더불어 주요 백화점 포함
	1952	Shopper's World	Framingham, Mesachusettes	첫번째 2층 쇼핑센터	덤벨형의 중간발전단계
	1954	Northland Center	Detroit, Michigan	최초의 "Cluster layout" 타입 한개의 백화점과 그 주위를 점포들이 원처럼 둘러싸고 있는 형태	공기조화설비에 의해 전체적으로 중앙 컨트롤
	1956	Southdale Shopping Center	Mineapolis 근교, Minnesota	최초의 완전밀폐된 몰 소매 쇼핑 경험 혁신, 완전한 중앙공기조화 총체적으로 통제된 쇼핑 환경 창출	두개의 경쟁백화점 동시 입점 미국 최초의 도로로 에워싸인 광역 센터
1960 년대	1969	Galleria	Houston, Texas	한 단지 안에 소매기능, 사무기능, 숙박기능 결합한 혼합용도 센터mixed-use center	
1970 년대	1970	Hall Marketplace	Boston, Mesachusettes	도심 시장을 활성화시키는 계획 식료품과 전문점에 초점	미국 최초의 Festival Marketplace
	1976	Faneuil Hall	Boston, Mesachusettes	페스티벌 마켓들은 그 지역사회에서 역사적 건축물로서 중요성을 갖고 있는 황폐화된 도심 근린들에 위치	볼티모어 역시 Habor Place, 뉴욕의 South Street Seaport
	1976	Water Tower Place	Chicago, Illinois Michigan Avenue	미국 최초의 수직몰을 탄생 이 몰은 전문가들이 상점과 호텔, 사무실, 아파트, 주차장 등의 복합 수직몰의 기원 에스컬레이터와 유리창으로 된 각층에서 코트의 중앙 공지 조망가능 주택, 사무실, 숙박 공간 등도 포함 혼합 용도 단지 구성	오픈을 계기로 미국의 쇼핑센터 산업은 방향이 도심 개발 중심으로 회귀
1980 년대	1981	West Edmont Ceter		메가몰megamall 개념의 효시 한 위락 단지에 8개의 백화점 12개의 전문점, 3백 80만 ㎡ 규모면적	유동인구는 캐나다 서부 및 미국 북서부에 걸쳐 완전히 기존 쇼핑센터 의 상권 상회
1990 년대				1990년대 800,000㎡ 이상의 몰인 Super Regional Center 보편화	인터넷 소매-쇼핑센터 산업의 위협
2000 년대				인터넷과 오프라인 Mall의 시너지 효과 입증	

–Mall화에 내재하는 다원적 특성

포스트포디즘은 유연적 생산구조로서, 다원화된 소비사회에 맞는 생산구조를 효율적으로 진화시키기 위해 전체적인 거대한 통제의 틀을 만들어 놓고 의도되고 한정된 정도의 자유를 허락하여 생산효율을 증가시키는 방식이다. 이러한 방식은 거시적인 측면에서 보면, 더욱더 신체의 길들임을 효과적으로 가능하게 하는 통제의 방법론이 되고 있다. 생산체계의 변화는 결국 물적토대에 따른 통제(관리)의 진화과정이라고 생각할 수 있다. 마찬가지로 소비공간구조에 있어서도 많은 변화가 이루어졌다. 이러한 변화는 유연적 소비공간구조로 진화하면서, 궁극적으로 통제가 용이한 전체적 틀 속의 안정적이고 쾌적한 분위기 속에서 소비욕망을 키우는 공간구조로 진화한 것이었다.[47)]

–수평적 확장의 프로토타입

건축사에서 마천루는 돔-이노 시스템의 수직적 무한확장과 엘리베이터, 설비시스템, 구조기술, 새로운 재료 등의 결합이 가져온 새로운 건축적 혁명이었다. 프로토타입이 되는 평면은 무한확장의 가능성을 부여하였다. 수평적 확장 한계에 따른 공간적 한계는 프로그램을 수직적으로 배치함으로써 경계를 넘어설 수 있는 가능성을 제시하였다.[48)] 쇼핑 Mall의 각론은 돔이노 시스템의 수평적 무한확장이다. 그것은 수평확장과 페디스트리언 지대, 에스컬레이터, 공조시스템의 결합이 가져온 마천루와 같은 혁명적 공간이었다. 이러한 공간은 수평적 확장이 자유로운 만큼 모든 프로그램들이 통째로 흡수될 수 있었다.

돔이노 이론의 수평적 연속성으로 거대화 된 것이 Mall이라고 할 수 있다. 대규모 Mall이 처음 나타나기 시작한 것은 1930년대 교외지역의 지가가 싼

47) 이러한 심층 구조자체는 그 자체로 완전함을 갖추었으며 지역생활의 중심적 공간이 되었으나, 커뮤니티가 일어나는 공간은 아니었으며, 단순히 소비생활에 길들여지며 오랜시간을 보내는 장소였을 뿐이다.

48) 프로토타입 플랜의 엘리베이터 설비 코어를 제외한 공간은 자유롭게 쓸 수 있으나 면적이 한정되기 때문에 무한한 경계의 확장은 불가능하다. 또한 각 층별로 제한되는 면적이 되기 때문에 명백한 한계가 존재한다. 그러나 전체 수직의 집적공간을 하나의 스토리라인으로 생각하고 기능에 이야기성을 부여한다면 상황은 달라진다. 그러한 가능성이 1931년 다운타운 운동클럽의 단면에서 실현되었다.

52. 유형각론의 완성 및 모형

대지를 이용하여 구축되기 시작하면서 부터이다. Mall의 공간은 주변지역과는 완전히 유리된 채, 섬과 같은 존재로 남게 된다. 마치 마천루의 독립성과 같은 모습이다. 내부에는 주변지역에서 필요한 모든 것이 구비되어 있다. 내부에는 경계가 모호한 대규모 공간이 형성된다. 이 공간은 모두가 같은 모듈의 균질한 공간이다. 이 공간 속에는 모든 것이 포함될 수 있는 가능성을 포함하고 있다. 그 공간속은 어떠한 프로그램이든 삼킬 수 있는 대규모 공간이다. 이른바 정크스페이스의 개념이 나타나고 있다.[49] 무한한 프로그램을 수용하면서 자신의 의도에 따라 프로그램을 선택하며 공간을 취사선택하여 시나리오성을 가지고 이동할 수 있다. 또한 방문객들은 경계가 무한히 확장되면서 의도에 따라 가변적으로 공간을 사용할 수 있다. 이른바 경계가 해체되는 무한 공간, 초시간, 초공간적 프로토타입 평면이 된다.

53
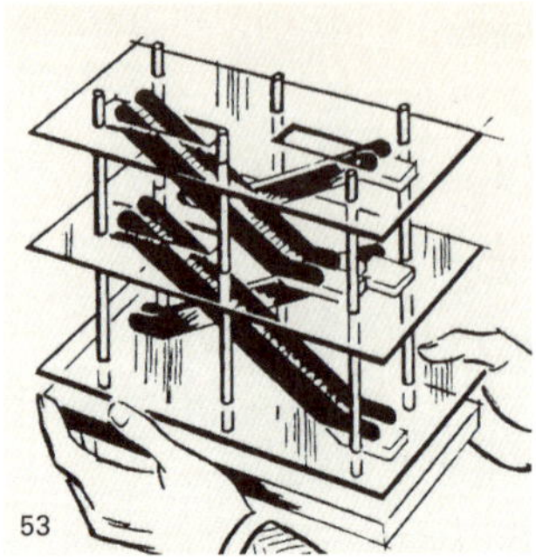

54
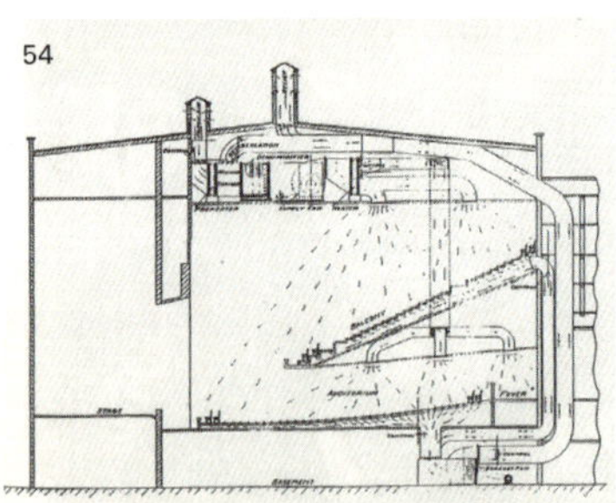

55
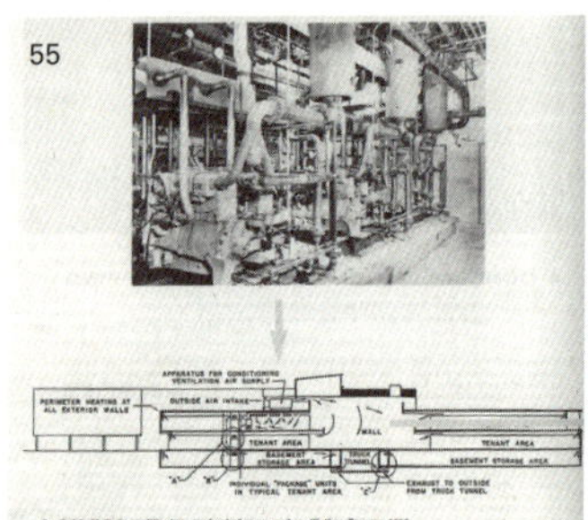

수평적 공간의 확장을 가져오기 위해서는 Mall에서 몇 가지의 요소가 필수적이다. 계속되는 연속성을 위해 수평 엘리베이터인 에스컬레이터가 있어야 하며, 오랜시간 연속적으로 돌아다니기 위해서는 쾌적한 온도의 실내 환

53. 무한 수평적 확장형 돔이노 이론형 완성

49) 결정할 수 없는 무한한 프로그램의 가능성이 있는 균질한 끝이 없는 공간이 나오게 되었다. 끊임없는 연속성의 공간, 그것이 바로 정크스페이스이다. 이곳은 항상 내부이다. 균질한 공간, 균질한 공간을 끊임없이 가능하게 하는 스프링클러, 에스컬레이터, 공조체제등은 이러한 공간을 가능하게 하는 설비체계이며, 페디스트리언 지대와 코트는 이러한 공간을 싫증나지 않게 만드는 보완적 요소가 되고 있다.

54. 공조기계의 발전

55. 공조설비와 쇼핑몰

경을 만들어야 하므로 공조시스템이 발달되어야 한다. 또한 수평적으로 무한 확장되는 공간을 걷게 되면 피곤해지므로 적절한 순간에 쉴 수 있는 공간이 배치된 페디스트리언 지대(보행자전용지대)와 코트가 필요하게 된다. 이 요소들이 충족되면 어떠한 프로그램이라도 삽입시킬 수 있는 경계해체의 공간이 완성되게 된다.[50] 공간적 경계해체는 바로 이러한 무한확장의 공간적 구성과 프로그램의 관계속에 발전되어 왔다.

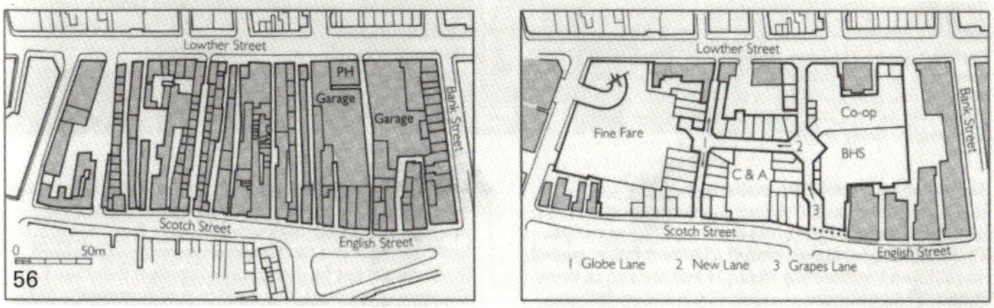

56

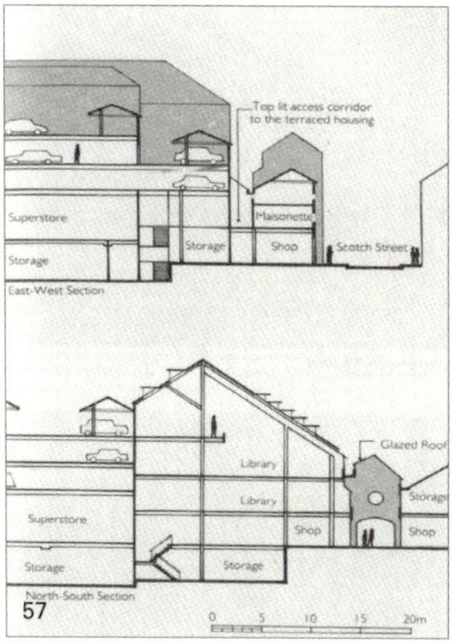

57

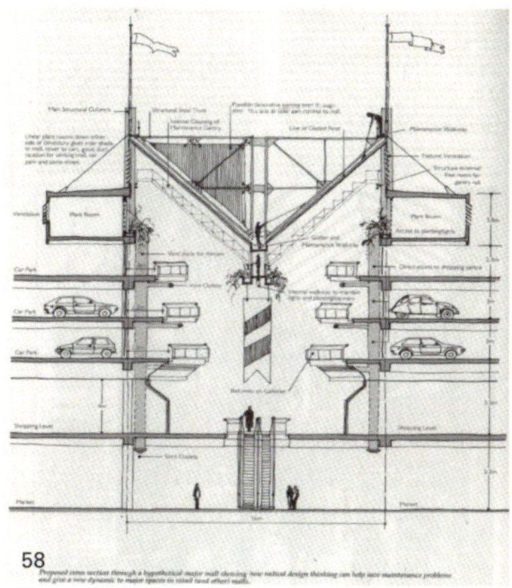
58

위의 그림은 영국의 The Lanes, Carlisle 프로젝트로, 좁고 긴 필지에 들어차 있던 건물들이 합필되면서 쇼핑몰이 들어서게 되고 외부의 입면은 기존의 콘텍스트를 유지하기 위해 보존하면서 내부를 쇼핑몰과 주차공간 등으로

50) 무한확장의 경계가 해체되는 현상은 유연성으로 달리 이야기 할 수 있으며, 이것은 효과적 통제속에 생산을 늘려가는 생산통제의 진화와 함께 궁극적인 수준까지 소비를 늘리고 소비중심의 생활에 길들여질 수 있는 효율적 통제의 공간을 만들기 위한 내외부의 인지와 경계가 불명확한 경계해체의 공간이 되고 있다.

56. The Lanes, Carlisle 프로젝트

57, 58. 기존 콘텍스트를 유지하면서 쇼핑몰화의 단면

변화시키는 과정을 보여주고 있다. 하나의 지구 전체가 쇼핑몰화 되면서 기존의 주거지구를 잠식해 나가는 과정은 오늘날의 정크스페이스와 무한정한 프로그램을 삽입하기 위한 건축공간의 방법론이 어떻게 진화해나가는지에 대한 단초를 제공하고 있다. 미국에서 발전된 도시내의 섬과 같이 남게 되는 쇼핑몰의 프로토타입은 이와 같이 기존 콘텍스가 강한 유럽에서도 자체의 콘텍스트를 유지하면서 동일한 기능적 효과를 내는 방향으로 진화되었다.

-다원적 프로그램의 삽입

자본주의 체계 하에서 공간구조의 발전 역사는, 전통적으로 공권력을 행사하는 시설 외에는 사실 상업의 프로그램의 삽입과 밀접한 관련이 있으며 상업공간의 발전사라고 할 수 있다. 오히려 현재는 공권력에 속하던 시설마저 민영화의 추세로 돌아서면서 상업적 요소가 삽입되어 Mall화 되어가고 있다. 수직적 경계의 확장사례는 도심지내에 사업주체의 욕망이 물성화된 것으로 볼 수 있다. 즉, 생산과 소비가 동시에 일어날 수 있는 공간구조가 발명된 것이었다. 한편으로 수평적 Mall은 대량소비를 위한 각론이 방법론적으로 완성된 것이었다. 생산과 소비의 안정적 순환과 가속화를 위한 공간과 직접적으로 관련을 맺게 되어 있다.

-70년대 이후의 Mall화 과정, 다원적 프로그램 및 표현양상의 변화

60년대 말부터 엔터테인먼트 물결이 시작된 이래 유통업자들은 흥미로운 요소의 시설들을 삽입시키고, 가능하면 폭넓은 관객을 끌 수 있는 교통 편의시설을 얻을 수 있는 입지를 선정하기 위해 모든 관심을 쏟았다. 페디스트리언 지대나 코트와 같은 대형 공간안에서 고객들은 놀이와 가상현실 게임과 생방송, 영화, Food Court와 테마식당, 회전목마, 시각적으로 흥미를 유발시키는 상품기술 등을 사용한다. 많은 쇼핑센터들은 역시 고객 취향의 테넌트를 유치하려고 혈안을 올리고 있다.

1970년대 이후 페스티벌 마켓, 수직 Mall의 생성, 복합이벤트 몰의 생성 등으로 건축어휘에도 상당한 변화가 일어났다. 최근의 쇼핑몰은 복합적 프로그램의 통합을 통한 연속적인 공간을 수용하는 방식으로 진행되어 나가고 있다. 시나리오에 의해 방문객들은 연속적인 슬래브의 겹침을 통해 다양한 사건들과 만남을 발생시키는 요소(플라자, 기념비적 계단, 공원, 카페, 상점, 실내가로 등)들을 만나게 된다. 이러한 이벤트 구조는 층 구분을 위한 수평수직의 면들이 아니라 수직 이동을 유발하는 기울어진 면이 되기도 하고, 볼륨을 구성하는 곡면이 되기도 하여 건물의 단면이 하나의 연속된 흐름으로 형성된 자유로운 단면을 구축하고 있다. 안·팎이라는 내·외부 통합적인 공간의 연속성과 같은 맥락이라고 할 수 있다. 또한 연속성과 끊임없는 동선, 공간의 복제를 통한 공간의 정크 스페이스와 같은 연속성은 상업공간에 있어서 필수적인 요소이다. 판의 적층과 연결, 경사짐에 의한 자유로운 단면은 위계적, 균질적인 건축공간을 이완시키며 이질적인 건축공간을 발생시키는 현대 건축에서 요구되는 상업적 매카니즘을 충족시키고 있다.[51)]

6014 건축의 Mall화 현상

렘 콜하스는 현대사회의 모든 공간들이 기능을 떠나서 상업화 되어가고 있음에 대해서 고찰하고 있다. 그의 생각은 상업공간은 말할 것도 없이 공항이나 정부, 뮤지엄 등은 모두 쇼핑과 관련이 있으며 심지어는 교회나 군대 역시 쇼핑공간과 밀접한 관련이 있다고 역설하고 있다.[52)] 이러한 쇼핑적 성격이 모든 공간을 Mall화시키고 있다고 주장하고 있으며 싱가폴과 같은 나라는 전체가 쇼핑몰Mall이라고 생각하고 있다. Mall화가 진행되는 가운데 시대적 상황과 맞물려 다양한 기능의 건물들의 각론들은 점진적으로, 혹은 혁명적으로 바뀌고 있으며 기능자체가 없어져버릴 위기에 있는 것도 있다. 간과할 수 없는 사실은 이러한 기능변화의 가운데 복합화되면서 현대건축공간은 점차 Mall화 되어간다는 점이다.

51) 일방향적, 순차적 동선제계를 거부하는 것(브라우징browsing 행위의 공간적 확장)은 우연성, 비선형적, 탈위계적, 다방향적 성향이다. 이벤트 구조와 관계 깊은 건축적 개념으로 '흐름'을 들 수 있다. 흐름은 사람들의 움직임, 동선을 뜻하며, 콜하스는 사람들의 움직임인 흐름이야말로 건물을 생기있게 하는 하부구조infrastructure이자 활력소이며, 건축물에서 있어서 무엇보다도 중요한 것은 이러한 하부구조를 구축하는 것이라고 생각했다.

52) Sze Tsung Leong, Project on the City 2, Tachen, 2004, p129

미디어테크와 같이 변화되어 Mall화된 도서관은 엔터테인먼트의 요소가 강해지면서 학습의 역할도 햄버거를 먹어가며 재미있게 학습할 수 있는 공간들로 변하여 가고 있다. 이제는 근대적 공간으로 변해버린 도서관이라는 건축각론의 한 시설은 필연적으로 대폭적인 각론상의 공간변화와 기능변화의 수순을 밟아야 할 운명이다. 현재는 정보매체를 저장하는 역할 이외에도 갤러리, 극장 등의 문화시설, 교육시설, 전시시설의 복합적 역할을 발견할 수 있다. 복합적 성격의 Mall화가 진행되어 나가고 있는 것이다. 이러한 상업시설은 점차 다양한 각론적 시설들이 통합되면서 거대화된 Mall화로 진행되고 있다. 쇼핑 Mall은 포디즘의 콘베이어 벨트로 대변되는 생산양식의 획기적 발명과 함께 나타난 시설이다. 즉, 안정되고 예측가능한 소비를 증폭시키기 위한 각론의 심층 구조가 만들어진 것이었으며, 이러한 양상은 계속해서 진화과정을 거치게 되었다.[53)]

–공용공간 해석의 혼란

Mall화된 복합건물에서 가장 특징적인 부분이 바로 페디스트리언 지대와 코트와 같이 유동인구가 많이 유입되는 부분이다. 이 공간을 해석함에 있어서 현재 많은 혼란이 야기되고 있다. 초기의 Mall의 형태는 단순한 박스의 형태였다. 물적 토대의 위기를 겪고 포스트포디즘의 시대로 접어들면서 이러한 유형에 다양한 엔터테인먼트 요소들과 수직의 매스와 프로그램들이 결합된 메가몰의 유형으로 변화하였다. 이러한 가운데 페디스트리언 지대에 다양한 동선들이 교차하고 다양한 형태의 탈구조적 성격의 경계해체 디자인이 삽입되어 있는 공간을 해석하는데 있어서는 혼란의 여지가 많다. 특히, 교통시설과 연계된 시설인 경우나 하부에 지하철이나 철도, 자동차전용도로 등의 하부구조가 있는 경우는 더욱 다른 해석을 보이고 있다.

Mall의 가장 특징적인 페디스트리언 지대의 내부공간에서는 자연조차도 인공적으로 합성되어 쾌적하게 계획되어 있다. 쇼핑고객들은 연속적이고 경

53) 김형준 외, 19세기 박람회의 공간구축에 관한 연구, 대한건축학회논문, 19권 8호(통권 178호), 0308, p180

계가 해체된 끝없는 내부공간안으로 흡수되는 느낌을 갖는다. 이것은 초시간적 초공간적 느낌의 공간을 만들면서 잠재적인 구매력을 극대화시킨다. 쇼핑의 네트워크 공간에서는 유연성, 유동성, 연결성, 그리고 연속성의 특성이 중요하게 생각되고 있다. 이 공간에서는 계속적으로 움직이는 유연성smoothness, 복잡성, 결정불능성을 보여준다.

건축계에서 혼란스럽게 이해하고 있는 부분이 바로 이러한 공간구조적 측면과 재현적 측면으로 나누었을 때 나타나는 부분이다. 그 공간과 표현은 유연한 것과 매끄러운 것의 분위기가 비슷함으로 말미암아 유연한 것의 통제 강화와 매끄러운 것의 탈구조적인 내용을 혼동하는 경향이 있다. 특히 2000년대 전후를 중심으로 3차원 기반의 컴퓨터 그래픽 프로그램의 혁명적 발전으로 인해 매끄러운 것을 실현시킬 수 있는 디자인 툴과 방법론이 비약적으로 발전했다. 이러한 경향이 탈구조적인 시대상을 반영한다고 볼 수 있지만 다른 한편으로 오해가 양산된 측면도 있다.

–상업적 논리의 공간 통합

Mall에서 코트와 페디스트리언 지대는 쇼핑센터의 가장 특징적인 요소로, 미국의 경우 기업 경영자와 고객 모두 그 효율성을 인정하고 있는데, 그 이유는 Mall에서 페디스트리언 지대의 면적이 넓어짐에 따라 경영면에서의 단점이 있으나 고객들을 오랜시간 머물게 하면서 소비욕망을 키울 수 있으므로 결과적으로 구매력 증가를 통해 이익을 증대시켜 페데스트리언 지대를 설치하는 제반비용보다 장기적으로 더 큰 이익을 꾀할 수 있기 때문이다.

각론적 완성의 과정을 살펴본 바와 같이 Mall은 좀 더 잠재 소비욕망을 부추길 수 있는 적절한 크기로 페디스트리언 지대와 코트 그리고 임대매장 면적과 위치를 고려한다. 이에 따라 적정 크기와 함께 인공적으로 환경 및 각종 사항을 통제가능한 페디스트리언 지대와의 결합의 형태가 Mall의 유형으로 정착되었다. 즉, 통제의 방법론이 되는 것이다. 오늘날, 코트 및 페디스트리언 지대의 크기는 해마다 증가하는 경향을 나타내고 있다.
The Heart of Our Cities(1964)에서 빅터 그루엔은 초기 마케팅 연구에서 지역 쇼핑센터가 50만정도의 잠재 쇼핑고객이 20-30분의 자동차 운전거리 내에 위치해야 실용적이라는 사실을 알게 되었음에 대해서 언급했다. 그러한 쇼핑센터는 건물을 둘러싸고 40에이커 이상의 주차장을 구비해야 하며, 사람들이 주차하고 입장하는데까지 혹은 입체적 경로를 통해 들어오는 길이가 300m를 넘어서서는 안 된다는 사실을 알게 되었다고 언급하고 있다.[54)]

단계	다이어그램	설명
1단계	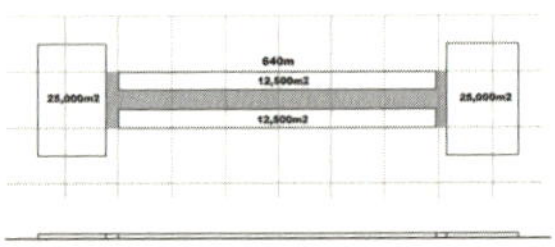	핵점포들의 군집인 mall의 면적을 75,000㎡라고 했을 때, 첫 번째 단계는 코트를 중심으로 긴축이 형성되는 양 옆으로 각각 12,500㎡의 면적과 넓게 단층으로 25,000㎡의 쇼핑몰 공간이 존재하게 된다.
2단계	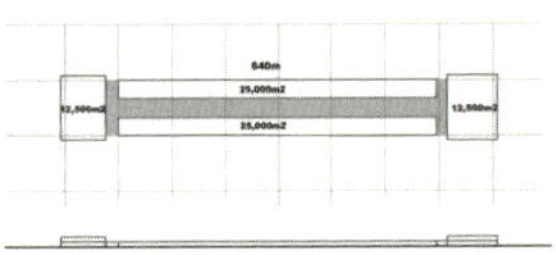	두 번째 단계로 첫 번째 단계의 양 옆 25000㎡의 면적이 2층으로 되면서 각층 당 12,500㎡의 면적으로 변형된다. 640m의 긴축의 길이는 오히려 구매자에게 피로감을 가중시켜 역효과를 가져온다는 사실을 발견한다.
3단계	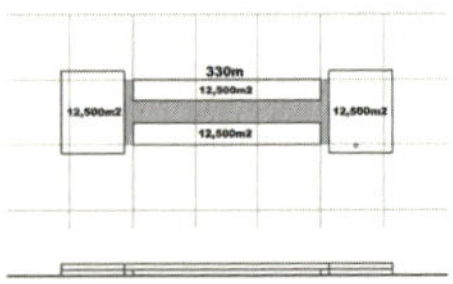	코트부분의 길이를 반정도로 줄이면서 복층화시킨다. 길이는 330m가 되고 코트의 축방향의 mall의 면적은 12,500㎡가 되면서 전체적으로 2층의 면적구성이 된다.
4단계	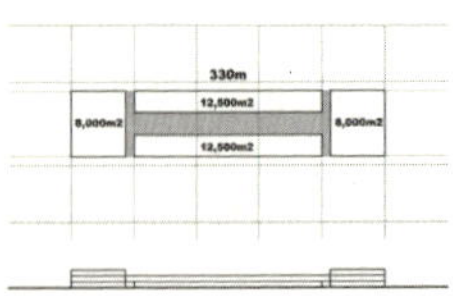	양 옆의 mall부분이 코트의 폭과 코트주변의 mall의 길이와 동일해지면서 3층으로 변하면서 면적은 8,000㎡가 된다.

54) Victor Gruen, The Heart of Our Cities, New York, Simon and Schuster, 1964, p190
표. 몰의 평면각론 완성-1

일단 몰의 매장안으로 들어오면 다양함의 세계로 빠져들게 된다. 몰의 240m의 선적인 페디스티리언 지대에 샘과 회전목마, 푸드코트, 폭포 등을 만나게 된다. 그러한 유희거리들은 쇼핑경험을 싫증나지 않게 만들어주며 쇼핑의 시간을 더욱 늘리게 된다. 이것은 결정적으로 중요하다. 왜냐하면 빅터 그루엔에 따르면 몰에 들어온지 20분이 지나고 나면 이성적인 구매자들도 "충동구매"를 할 수 있을 정도로 이성이 어느정도 마비되는 현상을 발견했기 때문이다. 이전에 이성적으로 구매하던 소비자들이 감정 전이轉移와 피곤함의 도취감에 영향을 받아 갑자기 비이성적인 결정을 내리기 시작한다. 갇혀있는 욕구불만을 분출하여 쇼핑을 하도록 몰아가게 된다. 이러한 것을 마케팅 전문용어로 "그루엔 효과Gruen effect" 혹은 "그루엔 전이transfer轉移" 라고 한다.[55] 현대의 상업 마케팅은 인간의 행태를 매우 면밀하게 관찰하여 소비심리를 극대화할 수 있는 방식으로 공간에 투사된다.

이렇게 각론적 길이의 정착은 마케팅에 도움을 주는 방향으로 최적화되어 진화했다는 사실을 나타내는 것이다. 그루엔이 몰 안에 방문객들이 가장 오래 머물 수 있도록 하는 길이가 어느정도일 때 가장 효율적인가를 개발한

단계	다이어그램	설명
5단계	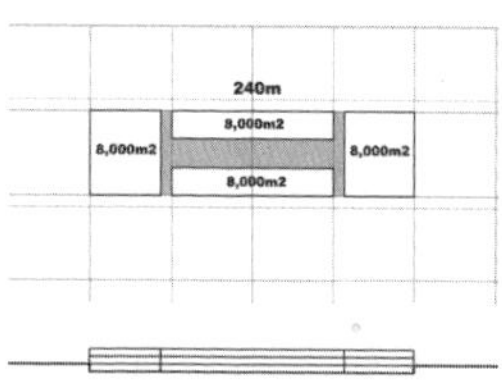	연구를 통해 가장 소비욕구를 극대화할 수 있는 가장 적당한 길이인 240m의 길이임을 발견하게 되었다. 중간 mall부분의 면적은 12,500㎡에서 8,000㎡으로 줄어들면서 3층이 되었다.
6단계	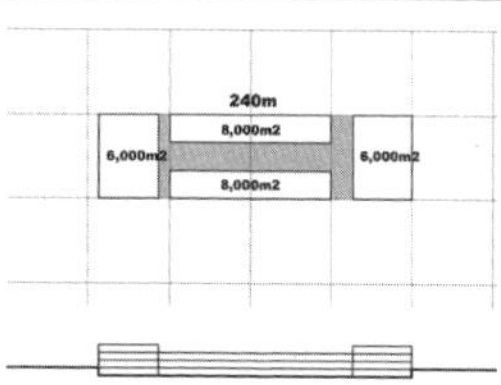	최종적으로 8,000㎡의 면적은 6,000㎡의 면적으로 줄어들면서 4층이 되어 최적화 되는 가운데 면적과 선적 덤벨형의 구성에 있어서는 각론적 완성이 끝나게 된다.

55) David Grahame Shane, Recombinant Urbanism, 2005, p97

표. 몰의 평면각론 완성-1

것이었다. 이런 것을 위해 여러 층의 정원이 있는 아트리움 광장을 만들게 된 것이다. 그루엔은 또한 2층에 애써 올라야 하는 수고를 덜기 위해 엇갈린 층의 주차장을 만듦으로써 건축 각론적으로 문제를 해결했다. 이렇게 해서 활성화 된 2층으로 인해 더욱 구매력을 높여 Mall의 재정에 도움을 주었으며 또한 공기조화 방식에도 효율성을 높혀주게 되었다.

단계	다이어그램	설명	사례
2단계		초기의 인클로즈드 몰의 생성 형태에서 나타나는 사례로 가장 기본적인 구성을 취하고 있다.	
3·4단계	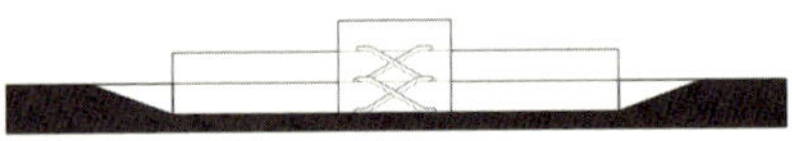	복층화 되어 1층부분을 지하층으로 내리면서 2층을 1층으로 만들어 연결하여 각 층으로 가는 수고를 덜게 만든다.	
5단계	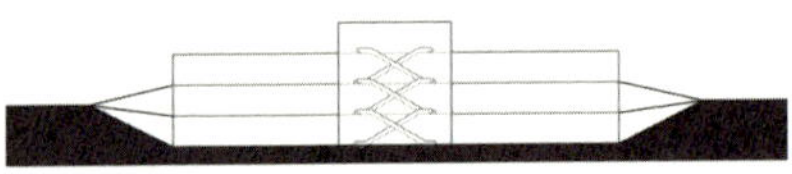	한 층이 더 집적되면서 주차장에서 각층으로 유연적으로 진입할 수 있는 램프를 설치하여 각 층이 원활하게 쇼핑공간이 될 수 있도록 계획된다.	
6단계	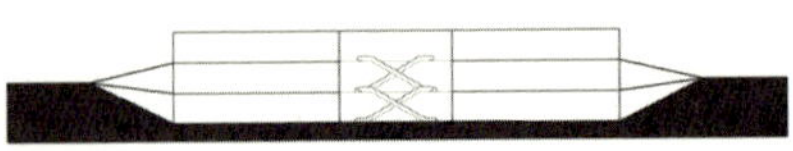	페디스트리언 지대의 적절한 길이와 적절한 크기와 매장면적과 주차장의 크기 등을 고려하여 최종적인 각론적 사항이 완성된다.	
6단계	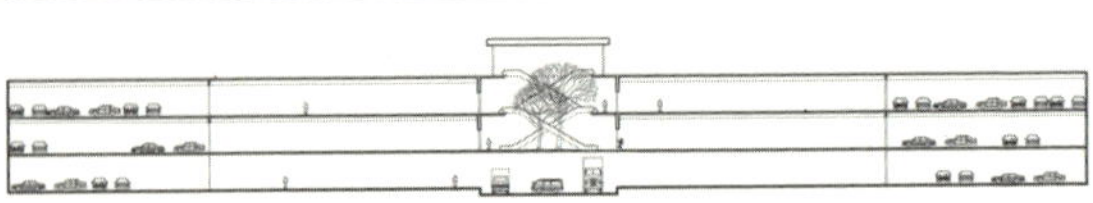		
	보기와 같은 최종적인 각론적 완성을 보게 된다.		

쇼핑몰을 만드는 디벨로퍼들은 지역의 유동인구에 맞추어 새로운 크기와 프로그램을 맞추어 계획하기 시작했다. 내부의 시나리오에 따른 동선의 움직임이 몰의 특징이 되기 시작했다.

2) 페디스트리언 지대의 각론적 발달사항

① Mall의 유형분류 의미

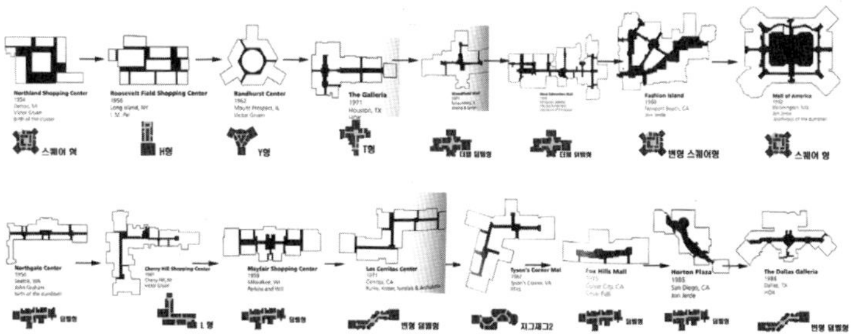

59

전술하였던 바와 같이 형태상으로 Mall을 분류하는 기준은 덤벨형과 클러스터 형을 기본으로 L형, Y형, T형, 변형 덤벨, 변형 스퀘어 형 등으로 분류할 수 있다. 그러나 이러한 분류는 사실상 무의미한 것이다. 실제로는 임대공간과 페디스트리언 지대의 결합의 유형에 따라 나뉘게 된다. 지형적 조건도 이러한 형태를 결정짓는 한 가지 요인이 된다. 위에서 각론적 완성의 과정을 살펴본 바와 같이 좀 더 잠재 소비욕망을 부추길 수 있는 적절한 크기로 페디스트리언 지대와 코트 그리고 임대매장 면적과 위치를 고려하게 되는 것이다. 적절한 크기와 함께 인공적으로 환경 및 각종 사항을 가장 통제가 용이한 페디스트리언 지대와의 결합되는 형태가 사실은 Mall의 유형으로 정착된 것이다. 즉, 통제의 방법론이 되는 것이다.

그것은 몰의 여러 부분에 고객이 장시간 머무를 수 있도록 계획된 공간을 말하며 고객의 휴식처로서 활용되며 또한 각종 행사가 이루어지는 하나의

59. 페디스트리언 지대와 코트, 임대공간의 배치에 따른 유형분류

장이 되기도 한다. 또한 그것은 몰의 군데군데 고객이 머물 수 있는 공간을 마련한 곳을 말한다. 코트에는 분수, 전화박스, 식수, 벤치 등이 마련되어 고객이 휴식처가 되는 동시에 인포메이션을 제공하고 또 쇼핑센터를 상징하는 연출장이기도 하다. 코트 중 그 쇼핑센터의 중심적인 역할을 하는 곳을 센트럴 코트라고 하며 스테이지 등을 갖추어 쇼핑센터 전체의 스케쥴에 의한 행사가 진행된다.

60

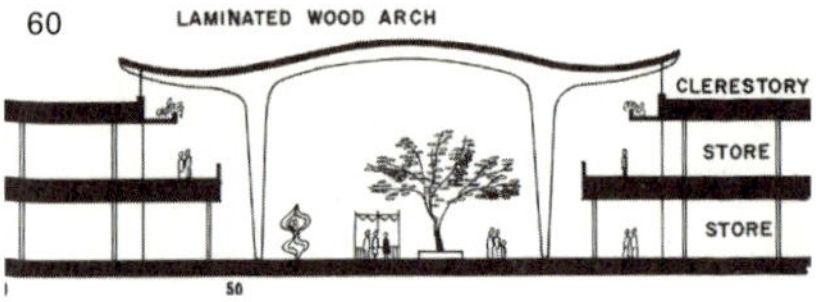

오늘날, 코트의 크기는 해마다 커지는 경향을 보이고 있다. 코트는 고객에게 변화감과 다채로움, 자극과 변화와 흥미를 주며 쇼핑을 유쾌하게 할 뿐만 아니라, 휴식할 수 있는 장소를 제공하여 주는데 그 중요성이 있다. 이를 위해서 분수, 연못, 조경 등이 구성요소로 쓰여진다. 또 친근감 있고 면적상의 크기와 형상 및 비례감이 잘 정리된 각기 연속된 크고 작은 공간들의 조합으로 코트가 계획되어야 한다. 특히 나무나 관엽식물이 위치하는 낮은 프랜팅 베드planting bed 같은 것은 사람들의 유동적流動的 동선에 방해가 되지 않도록 자연스럽고 세련된 형태로 설계되어야 한다. 뿐만 아니라 코트의 바닥면에 사용하는 재료는 붉은 벽돌, 타일, 벽 등 다양하게 주위상황과 조화시켜 계획한다. 또한 몰 곳곳에 고객이 머물 수 있는 공간을 두는 것이 코트이며, 코트에는 키오스크kiosk, 분수, 공중전화, 각종 수목의자 등이 놓여 이용자들의 휴식처가 되는 동시에 눈에 띠는 공간에 스테이지 등이 배치되어 집회 및 각종 공연을 할 수 있다.

쇼핑몰의 구성은 크게 몰과 코트로 분류되는데, 몰은 쇼핑센터 내의 주요 동선으로서, 이용자들을 각 일반 테넌트로 유도하는 동시에 고객의 휴식처이고, 각종 연회를 열 수 있는 연출장으로서의 기능도 하고 있다. 몰의 길이는 200m 이내가 적당하고 그 이상의 경우는 일정한 단위로 변화를 주거나, 다층화 함으로써 단조로움을 피하고 있다. 코트는 쇼핑센터의 가장 특징적

60. Regional Mall 단면

인 요소로, 미국의 경우 기업 경영자 측과 고객측에서 다 같이 그 효율성을 인정하고 있다. 즉, 쇼핑센터의 쇼핑 스트리트shopping street로서 넓은 면적을 점유한다는 경영면에서의 단점을 지니고 있으나 고객들이 즐겁게 쇼핑을 할 수 있으므로 결과적으로 구매력의 증가를 꾀할 수 있기 때문이다.

몰의 가장 특징적인 페디스트리언 지대의 내부공간에서는 자연조차도 인공적으로 합성되어 쾌적하게 계획되어 있다. 쇼핑고객들은 연속적이고 경계가 해체된 끝없는 내부공간 안으로 흡수되는 느낌을 갖는다. 이것은 초시간적 초공간적 느낌의 공간을 만들면서 잠재적인 구매력을 극대화 시킨다. 쇼핑의 네트워크 공간에서는 유연성, 유동성, 연결성, 그리고 연속성의 특성이 중요하게 생각되고 있다. 이 공간에서는 계속적으로 움직이는 유연성smoothness, 복잡성, 결정불능성을 나타낸다.

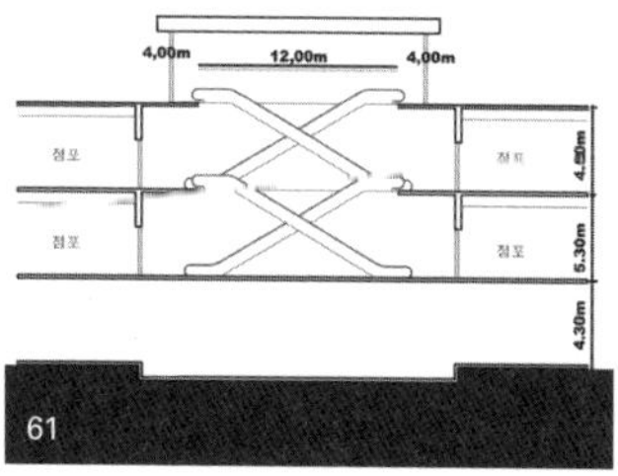

위에 보이는 도면은 빅터 그루엔이 여러 가지 실험을 통해 매장과 연계된 페디스트리언 지대의 가장 적절한 폭과 길이, 그리고 높이와 주차장의 연결, 그리고 매력적인 공용공간을 만드는 가장 효율적인 방법론의 완성을 의미하는 단면을 선보였다. 너무 크거나 작지 않은 쾌적한 공간의 넓이를 제시한 것이다. 이곳에는 자연스럽게 동선이 연결되는 에스컬레이터와 분수와 연못, 식재를 할 수 있는 복도의 넓이와 높이를 고려한 것이었다. 각 각론적 사항은 공식화 되어 이후 폭발적으로 늘게 되는 Mall의 수요에 있어서 탄력적으로 적용할 수 있게 되었다.

61. 페디스트리언 지대의 단면각론 완성

초기 쇼핑몰의 페데스트리언 지대의 모습

구분	A	B	C	D
배치도	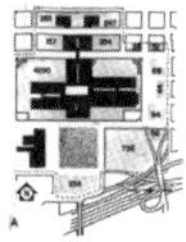	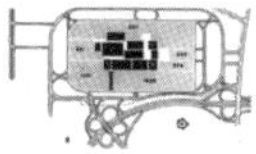		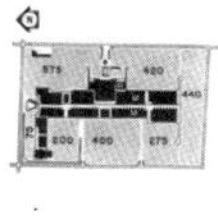
이름	Lloyd Center	Rosvelt Field Shopping Centerl	Old Ochard Shopping Center	Northgate Center
위치	Portland, Oregon	Nassau County, Long Island New York	Skokie, Illinois	Seattle, Washington
건축가	John Graham & Company	I.M. Pei & Associates	Loebl, Schlossman & Bennett	John Graham & Company
구분	E	F	G	H
배치도	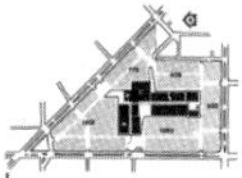	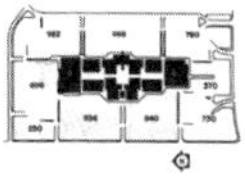	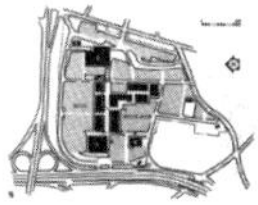	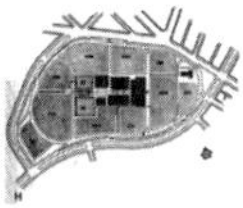
이름	Capitol Court	Mayfair Shopping Center	Cross county Shopping Center	Mondawmin Shopping Center
위치	Milwaukee, Wisconsin	Milwaukee, Wisconsin	Yonkers, New York	Baltmore, Maryland
건축가	John Graham & Company	Perkins & Will, Grassold Johnson & Associates	Lathrop Douglass	Mondawmin Board of Design
구분	I	J	K	L
배치도	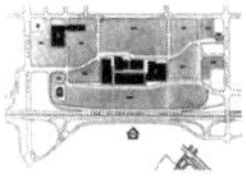	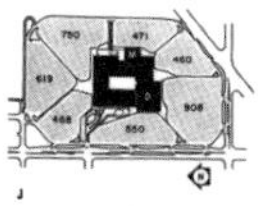	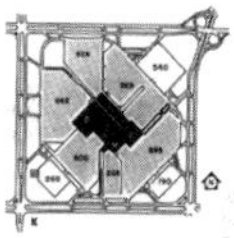	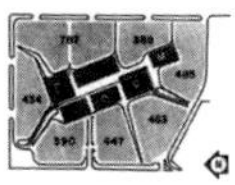
이름	Eastland Center	Wildwood Shopping Center	Southdale Shopping Center	Glendale Shopping Center
위치	West Covina, California	Milwaukee, Wisconsin	Minneapolis, Minnesota	Indianapolis, Indiana
건축가	Albert C. Martin & Associates	Victor Gruen Associates	Victor Gruen Associates	Victor Gruen Associates
구분	M	N	O	P
배치도	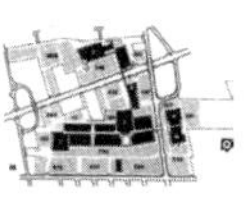	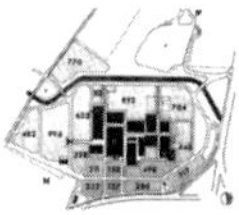	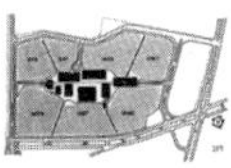	
이름	Bergen Mall Shopping Center	Garden State Plaza	Eastland Shopping Center	Northland Shopping Center
위치	Paramus, New Jersy	Paramus, New Jersey	Detroit, Michigan	Detroit, Michigan
건축가	John Graham & Co.	Abbott, Merkt & Co	Victor Gruen Associates	Victor Gruen Associates

구분	Q	R	S	T
배치도	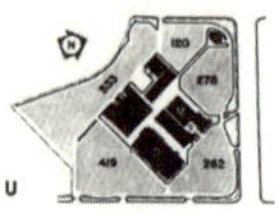	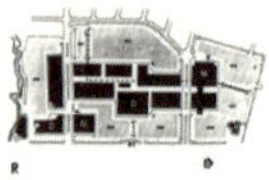	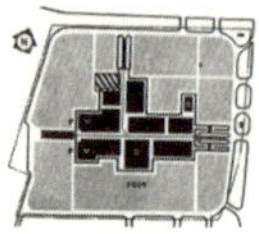	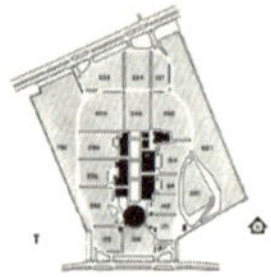
이름	Valley Fair Shopping Center	Hillsdale Shopping Center	Mid-island Shopping Center	Shopper's World
위치	San Jose, California	San Mateo, California	Hicksville, Long Island, New York	Framingham, Massachusettes
건축가	Victor Gruen Associates	Welton Becke t& Associates	Lathrop Douglas	Ketchum, Gina and Sharp
구분	**U**	**V**	**W**	**범례**
배치도	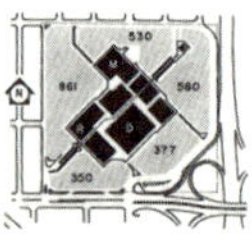	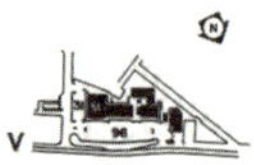	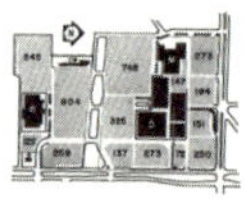	■ 주차 ■ 건물 ■ 공원 D 백화점 M 마켓 B 버스 터미널
이름	Waialae Shopping Center	The Boadwalk	South Bay Center	O 오피스 빌딩
위치	Honolulu, Hawaii	Tiburon, California	Redondo Beach, California	E 전기, 공기조화
건축가	Victor Gruen Associates	Hohn Lord King	A. Quincey Jones, Frederic Emmos, Victorgruen	C 서비스 코트 ●● 트럭용 도로

–복합 엔터테인먼트 Mall화의 통제성

미국에서 초기 형태의 Mall이 교외에 출현한 것은 자동차의 대량생산과 보급으로 인해, 교외생활이 기본이 됨으로써, CBD이외에 하위 중심지가 생기게 되었을 때이다. 그에 따라 하위중심지의 중심에는 지역을 관장하는 지역중심의 Mall이 생성되게 된다. 지역중심의 Mall이 지역의 문화와 여가생활의 중심이 되면서 소비생활에 익숙해지게 되었다. 이러한 Mall은 사유의 토지에 자율적 통제가 가능하게 되는 상업적 시스템이었다. 또한 Mall의 각론 중 페디스트리언 지대는 아케이드 이후의 각론적 발달이 지속된 것이다. 페디스트리언 지대의 적절 크기와 임대매장의 조합이 조금이라도 관련된 공간이라면 무엇이나 현대 건축공간의 기본이 되고 있다. 이것은 적절한 자율적 감시의 시스템을 발명한 것이었다. 이러한 현상은 전통적으로 지역중심의 Mall이 아닌 다양한 시설들에 Mall의 각론적 요소가 삽입되어 변종적인 Mall화가 진행되면서 더욱 심화되고 있다.

소비공간의 재조직화 현상

6015 공공-민간의 협력구조 심화

건축공간 구조의 재구조화라는 것은 결국 통제의 개념이 강력하게 진화한 방법론이 되고 있다. 다원화된 사회에서는 일견 통제 불능이 복합성과 다양성을 인정해야 하는 체계이므로 더욱 교묘하고 저항력이 없으면서 강력한 통제방법론을 필요로 한다. 또한 하루 아침에 즉각적으로 효과를 얻을 수 있는 방법론보다는 시간을 두고 장기적으로 일상에 침투하여 좀 더 강력한 효과를 줄 수 있도록 자율적인 신체강요를 만들어나가는 방법론이 사용된다.

건축물을 시설을 짓는 주체로 구분한다면 공공이 짓는 시설과 민간이 짓는 시설, 공공과 민간이 협력하여 짓는 시설 등으로 나눌 수 있는데 요즈음은 공공과 민간이 협력하여 짓는 형식의 시설들이 빠른 속도로 증가하고 있다.

62. 공공시설과 결합된 사회적 공간의 전경

예를 들어 공공역사terminal의 경우, 낙후된 시설이나 치안이 부재하여 문제가 심각해진 경우, 민간사업주체가 공공과 연계하여 개발사업을 수행하여 개발이익을 상업 Mall의 공간으로 가져가고 기존 역사의 기능을 쇄신하는 사업이 계속해서 이루어지고 있다.[56] 이러한 종류의 공공-민간협력 사업은 공공이 수행하기 힘든 치안과 사업성을 동시에 추구할 수 있다는 점에서 각광받고 있다. 즉, 공권력이 통제하기 힘든 부분까지 자율적으로 통제가 이루어질 수 있는 방향으로 진화하고 있다.[57]

단계	다이어그램	특성
초기 단계		가로에서 직접 진입하는 사례로서 전통적인 상업지구의 모습이다. 보차가 완전히 분리되어 있고 물품의 운반도 불편하다. 상가 단위로 보행자 전용의 아케이드 및 저층의 상가군이 형성되어 있다.
1·2 단계	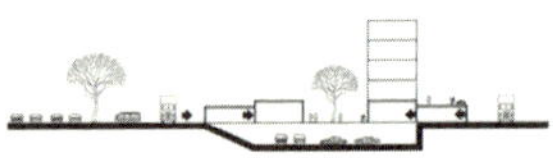	초기의 Mall의 형태로 주차장의 각론적 형태가 실험되면서 페디스트리언 지대와 주차 등의 내용이 정착되어 가는 단계이다.
3·4 단계	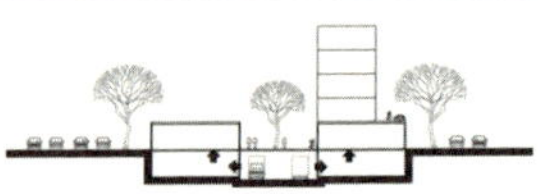	쇼핑몰의 수평적 수직적 각론 사항이 발전하는 단계로 주차와 이동 동선이 내부화되면서 진입될 수 있도록 변화된다.
5·6 단계	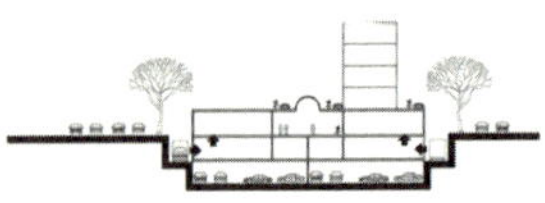	쇼핑몰의 각론이 완성되는 단계로 가장 소비욕망을 이끌어 내는 가장 적절한 크기와 사이즈의 실험을 끝내어 쇼핑몰의 각론 사항이 완성된다.
7단계	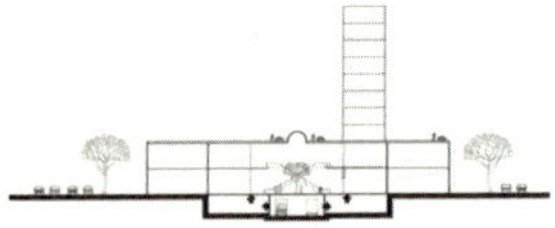	포스트모던 시대로 들어서면서 중심시가지 활성화의 일환으로 그 지역에 Mall이 중심이 되면서 주거의 요소가 집적되기 시작한다. 이때부터 Entertainment요소가 첨가된다.
8단계	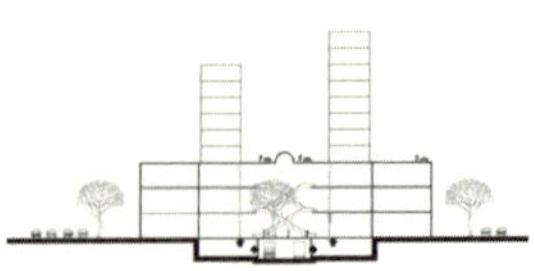	각종 통과 동선과 하부에 교통통과 동선(철도, 버스)이 집적되면서 복합화된다. 주거와 소규모 생산공간과 오피스 등이 복합화되며 집적되어 규모면으로도 Mega Mall의 형태로 발전한다.

56) 현대건축공간에서 시공간의 압축이 가장 극렬하게 나타나는 공간은 역사건축이며, 역사를 중심으로 하여 역세권이 형성되면서 대규모 Mall화가 진행되는 과정 역시 시공간 압착의 현상이 계속해서 심화되는 것이다.
57) 자본주의의 매커니즘은 공동체 공간, 신체공간, 사이버공간을 차례로 정복하고 지배의 공간을 확장하려는 의도를 가지고 계속적으로 진화하고 있다. 이러한 자본축적의 매커니즘은 공간의 합리적 배열과 통제를 핵심으로 하고 있으며, 이것은 도심재생에서 핵심이 되는 것이 Mall이 되는 것과 무관하지 않다.
표. Mall의 수직적 진화 단계

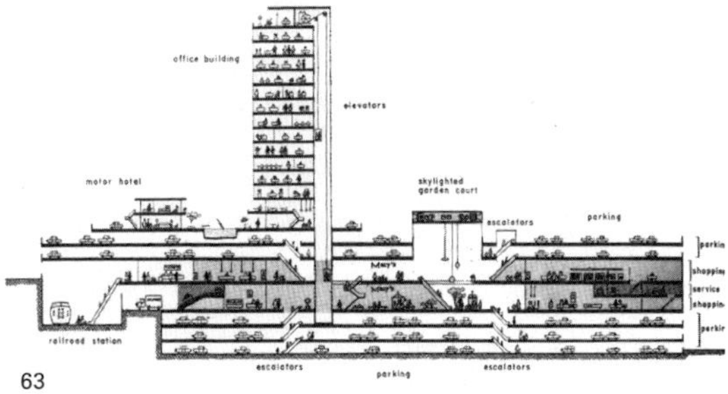

63

앞의 표는 이전에 살펴본 6단계까지의 단면적 발전단계를 통해 각론적 완성을 본 이후, 복합화, 대형화, 엔터테인먼트적 요소들이 부가되고 지하교통동선이 접합되면서 교외형에서 현재의 도시형 엔터테인먼트형 복합쇼핑몰의 단계적 변화를 보여주고 있다.

그러나, 이러한 Mall화의 경향으로 말미암아 전통적으로 공권력은 유연하게 약화된 듯 보이나 오히려 민간에 자신의 역할을 아웃소싱하여 효율적으로 강화한 것으로 볼 수 있다. 또한 이러한 현상을 통해 공공영역이었던 공간들의 의미가 쇠퇴되는 단점이 나타나기 시작한다. 즉, 상업적인 공간의 성격으로 인해 자율적 통제가 강화되지만, 한정된 상업적 목적의 행위나 분위기 외에 다른 사회참여적 성격의 프로그램과 커뮤니티 활동이 끼어들어오기가 점점 힘들게 되는 경향이 나타나는 것이다.

새로운 생산방식은 이른바 포스트포디즘의 형태로 나타났다. 포스트포디즘은 기술적으로 볼 때, 극소전자 기술을 함께 사용함으로써 물품 생산과정에 유연성을 담보할 수 있게 계획된 것이 특징이다. 그런데 여기서 유연적 생산체계를 노동감시의 관점에서 본다면, 생산공정의 유연성과 노동통제의 유연성으로 구분하여 설명할 수 있다.[58] 포스트모더니티는 궁극적으로 순수한 권력체계라고 할 수 있다. 감시의 발전은 부분적으로 시민권의 확장

63. 도심형 엔터테인먼트몰의 단면

58) David Lyon, 전자감시사회, 한국전자통신연구소, 1994, p72

으로 연결된다. 말하자면, 확립된 시민권, 정치적, 경제적, 사회적 권리를 기초로 민족국가의 구성원들이 점점 더 많은 사회참여의 기회를 누리게 되었음을 의미하기도 한다. 기든스는 정보가 국가형성 및 유지에 있어서 어떠한 역할을 하는지 선구적으로 설명하고 있다. 기든스는 근대성을 형성하는 요인들을 검토하면서, 마르크스는 자본주의를, 뒤르켐은 산업주의를, 그리고 베버는 합리화를 중심으로 근대세계를 환원하여 해석하는 한계를 보였다고 비판하고 있다.[59] 푸코의 권력론 및 헤테로토피아론과 벤야민의 아케이드 프로젝트, 라캉의 거울이론 등을 통해 공간의 통제의 철학적 의미에 대한 결론을 내리면서 공간의 재구조화는 결국 통제의 진화과정이라는 결론에 이르게 된다.

59) 고영삼, 전자감시사회와 프라이버시, 한울아카데미,1998, p24

64. 사회적 공간의 쇼핑영역

65. 일본 후쿠오카 Canal City의 커뮤니티 공간 영역

66. 이상적인 분위기를 연출하는 쇼핑공간의 투시도

118. 난바 파크 투시도, Jerde 설계

6016 소비공간구조의 중심화 현상

67

중세시대에는 교회권력에 따른 교회관련의 도시구조와 시설들이 우세했다. 이러한 상황은 르네상스시대 이후, 길드체계에 의해 자본이 성장하면서 사회개편이 일어남에 따라 중심시설도 바뀌게 된다. 중세시기에는 모든 권력과 생활의 중심이 교회중심으로 운행되면서 교회가 도시의 중심이 되고 상징적 공간이 되었지만, 현재 교외와 CBD를 막론하고 중심이 되는 공간은 Mall과 결합한 상업가로가 가장 중심이 되는 공간이 되고 있다.[60)]

68

산업혁명 이후에 아케이드와 백화점이 생기고 세계박람회장 등과 함께 정신병원 감옥, 요양소의 감시와 구금의 시설 역시 체계화되고 점차 세분화되었다. 모던시대에 이르러 마천루와 하우징, 대형블록과 Mall이 나타나기 시작하고 70년대 전후로 보행자전용의 대형 몰과 메가몰, 엔터테인먼트 몰, 테마파크, 교외 도시화가 이루어지게 되었다. 여기에서 시대를 특징짓는 가장 중심이 되는 공간의 가장 중요한 시설이 변화하고 있음을 알 수 있다. 중세시대는 가장 큰 광장에는 항상 그 주위를 압도하는 중심적인 교회나 성당이 자리잡고 장원제도의 생산 및 공간구조의 시스템이 사회를 지배하던 시기였다. 오늘날은 교외도시나 중심시가지의 재생시 중심에는 어김없이 그 지역을 특징짓는 대규모 Mall이 자리잡고 있다.[61)] 이른바 소비중심의 권력재편이 더욱 공고하고 대규모화 되고 있다.

앞서 5권에서 벤야민과 해체철학이 만나는 지점에 대해서 살펴본 바와 같이 신학(메시아론)의 두 가지가 변증법적 유물론으로 통합되어 현대사회를

67. 중세시대의 도시의 중심
68. 포스트모던 시대의 도시의 중심
60) 중세시대에는 교회의 권력의지에 따른 교회중심의 생활이 보편적이었으나, 현재의 자본주의 사회에서는 생산과 소비의 순환주기를 계속해서 빠르게 할 수 있는 라이프스타일, 즉, 소비가 생활의 중심이 되는 위치와 공간구조로 변화하여 나가고 있다.
61) 렘 콜하스가 언급하는 Bigness의 개념도 사실은 도심재생의 경우 중심에 거대한 Mall화된 복합상업시설군이 중심이 되면서 그 공간의 이미지를 형성시키며 공간구조가 재편되는 현상의 다른 표현이라고 할 수 있다.

해체적인 방식으로 눈에 볼 수 없는 영역을 드러내는 벤야민의 사유를 주목할 필요가 있다. 인간의 역사적 측면과 사유체계와 신의 영역에 해당되는 시각이 공존하여 교차하거나 통합하려는 시각으로 보았을 때 무언가 다른 방식으로 읽혀지거나 표현하면 기존에는 드러나거나 보이지 않았던 부분을 볼 수 있는 방법론이 벤야민이 추구했던 것이었다.

벤야민의 방법론은 역사의 의미를 제거하면 결국 이미지만 남게 되며 다 지우고 '건축물'들만 남게 되는데 이 때 무언가 다른 연상작용을 불러일으킨다. 그가 중시한 멜랑콜리의 시각으로 바라보면 역사, 문화, 기타 건축물의 내, 외적 요인들을 전부 제외하면 건축물이라는 겉껍데기(물질)만 남게 된다. 그는 '사물의 언어에 귀 기울이는 것이 매우 중요하다.' '의미하는 언어 때문에 못 보았는데 이미지만으로 보면 다른 언어를 볼 수 있게 된다' 라고 생각했다. 일종의 번역이라고 생각한 것이다. 그래서 벤야민에게 있어서 멜랑콜리의 시선은 알레고리적인 시선이다. 알레고리를 통해 역사적 의미가 지워진 상태의 역사적 의미를 판독하려는 시도를 했던 것이다. 철학자이기는 하지만 그는 '이미지의 철학자'라고 말할 만하다. 벤야민은 파리의 카페-파사쥬-선 등을 통해 의미의 층위를 벗겨내고 무효화하는 것, 그리고 나타나는 형상이 무엇인가를 드러내려고 하는 본래의 것을 보여주는 작업, 이것이 아케이드 프로젝트가 지향하고자 하는 바였을 것이다. 벤야민의 작업은 오늘날의 대형 쇼핑몰화 되어가는 도시의 욕망과 현상을 알레고리적 시각에 입각하여 다른 차원으로 드러내고 비판하고 있다.

6017 포스트모던 시대의 엔터테인먼트 쇼핑몰화 현상

권력의 핵심인사는 도시를 하나의 공동체로 인식시킬 상징성을 만들고 싶어 한다. 하비에 따르면 볼티모어는 이러한 의도에서 도심의 황폐화를 진정시키고 도시를 활성화하기 위해 도시박람회를 개최하고 이러한 스펙터클의 요소인 박람회는 곧 하버플레이스, 과학센터, 수족관, 컨벤션센터, 해상위락시설과 호텔, 유흥시설을 낳아 영구적인 스펙터클로 자리 잡게 되었다고 한다.

<table>
<tr><th>구분</th><th>A</th><th>B</th><th>C</th><th colspan="2">범례</th></tr>
<tr><td rowspan="6">배치도</td><td rowspan="6">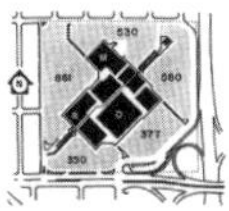</td><td rowspan="6">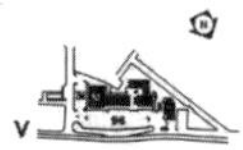</td><td rowspan="6">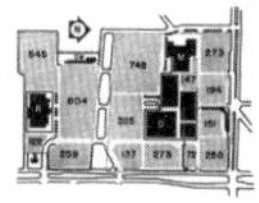</td><td>■</td><td>주차</td></tr>
<tr><td>■</td><td>건물</td></tr>
<tr><td>■</td><td>공원</td></tr>
<tr><td>D</td><td>백화점</td></tr>
<tr><td>M</td><td>마켓</td></tr>
<tr><td>B</td><td>버스 터미널</td></tr>
<tr><td>이름</td><td>Waialae Shopping Center</td><td>The Boadwalk</td><td>South Bay Center</td><td>O</td><td>오피스 빌딩</td></tr>
<tr><td>위치</td><td>Honolulu, Hawaii</td><td>Tiburon, California</td><td>Redondo Beach, California</td><td>E</td><td>전기, 공기조화</td></tr>
<tr><td rowspan="2">건축가</td><td rowspan="2">Victor Gruen Associates</td><td rowspan="2">Hohn Lord King</td><td rowspan="2">A. Quincey Jones, Frederic Emmos, Victorgruen</td><td>C</td><td>서비스 코트</td></tr>
<tr><td>●●</td><td>트럭용 도로</td></tr>
</table>

50년대에 완성된 Mall의 각론적 사항이 70년대 이후 각종 이벤트적인 요소들이 첨가되고 공공과 민간이 합작하는 경향이 강화되면서 공권력에 해당되는 요소가 Mall 내부나 내부가로에 배치되며, 적절하게 공동화 현상을 막기 위한 주거지 및 호텔을 배치시킴으로써 자율적 통제의 방향으로 나아가고 있다.

<table>
<tr><th>구분</th><th>A</th><th>B</th><th>C</th><th colspan="2">범례</th></tr>
<tr><td rowspan="6">배치도</td><td rowspan="6"></td><td rowspan="6"></td><td rowspan="6"></td><td>■</td><td>주차</td></tr>
<tr><td>■</td><td>건물</td></tr>
<tr><td>■</td><td>공원</td></tr>
<tr><td>D</td><td>백화점</td></tr>
<tr><td>M</td><td>마켓</td></tr>
<tr><td>B</td><td>버스 터미널</td></tr>
<tr><td>이름</td><td>라구아빌딩</td><td>록본기 힐스</td><td>커넬시티 하카다</td><td>O</td><td>오피스 빌딩</td></tr>
<tr><td>위치</td><td>도쿄도 분쿄우구, 일본</td><td>도쿄도 미나토구, 일본</td><td>후쿠오까, 일본</td><td>E</td><td>전기, 공기조화</td></tr>
<tr><td rowspan="2">건축가</td><td rowspan="2">다케나까 공무점</td><td rowspan="2">모리빌딩, 이리에미쯔타쿠 설계사무소, Kohn Pederesen Fox Associates</td><td rowspan="2">The Jerde Partnership Inc.후쿠오까지소, 후지타, 닛켄설계</td><td>C</td><td>서비스 코트</td></tr>
<tr><td>●●</td><td>트럭용 도로</td></tr>
</table>

62) 같은책, p218내용 정리 및 일부 인용
표. 모던 시기의 Mall의 유형 발전과정
표. 70년대 이후 진화된 Mall의 유형

해체적, 유동적 도시화의 결과로 포스트모던 도시는 모던시기의 도시관리 방식으로는 효율적으로 '통제될 수 없는 도시'가 되고 있다. 점증하는 불안정, 폭력, 탈법 등을 방어하고 대처하기 위해 도시 전체에 감시와 통제의 기제가 장치되고 있다. 도로와 빌딩 주변에 무장 경찰의 순찰, 흐름, 출입을 통제하기 위한 전자감시체제의 가동, 건물의 "판옵티콘"식 감시, 건물 전체를 관리하는 인텔리전트 빌딩 시스템, 주거지별 자체 경비의 운영 등은 포스트모던 도시의 새로운 통제, 관리 기제들이 되고 있다.

69

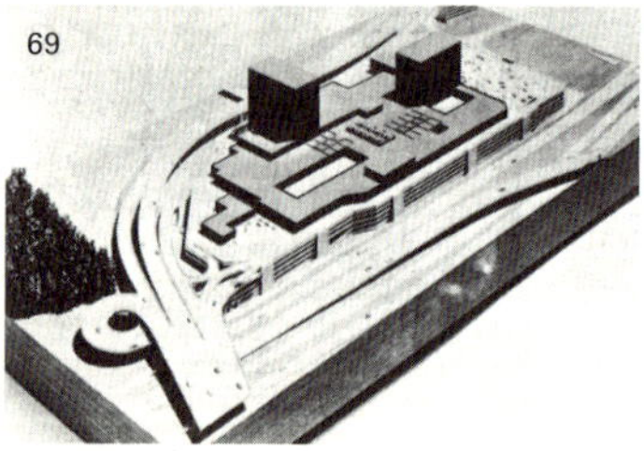

Mall이 중심이 되는 중심시가지 체계는 이러한 체계의 궁극적 구조이다. 그는 이 같은 도시를 "요새fortress"에 비유하고 있다. 요새로서 도시는 중상층들이 폭력집단이나 하층집단의 침입으로부터 그들의 거주지를 철옹성 같이 지키는 '도시적 현상'을 은유한 것이다.

전체적 틀 내에 한정된 공간에 다양성과 자유를 허용하는 구조가 일반화되고 있다. 즉, 이벤트를 끼워 넣음으로써 도시 내에 활력을 유도하며, 다양한 이벤트들을 일으킬 수 있도록 건축적 장치를 고안했다. 이러한 과정이 바로 상업적인 페디스트리언 지대의 방법론과 유사하다고 할 수 있다.[63)]

6018 공공영역의 사회 재조직화 변화

위에서 살펴본 바와 같이 주체별로 만들어지는 시설의 역할은 다음과 같이, 공공주도형과 민간주도형, 공공-민간 합작형으로 나누어볼 수 있다. 공공주도형은 전통적으로 공권력에 해당되는 시설과 대국민 공적 서비스에 관련된 시설 등이고, 민간주도형은 Mall과 같은 상업적 공간이다. 현재에는 점차적으로 공공과 민간이 합작하여 개발을 하는 사례가 눈에 띄게 많아지고

69. 쇼핑몰의 구성방식과 도로체계

63) 도심재활성화는 Mall을 중심으로 하는 통제방법론이다.

있다. 이러한 사례로 역사건축과 터미널 건축에서 많은 사례들을 찾아볼 수 있는데, 이것은 전통적으로 공공의 시설에 해당되는 건물이었다.
이렇게 공공과 민간이 합작하여 주도하는 건물들이 늘어나게 되는 이유는, 기존의 공권력만이 행사할 수 없는 통제력을 유연하고 효율적으로 가능하게 하는 방법론이기 때문이다. 각론적으로 상업화되는 Mall의 부분과 공권력에 해당되는 시설들이 첨가됨으로써 공권력이 감당할 수 없는 부분까지 자율적 통제가 가능하게 됨으로써, 공권력의 치안 및 통제의 부담을 덜 수 있는 효율성을 제고할 수 있게 되는 것이다. 특히 도심재생의 경우, 이러한 영역이 민간의 상업적 공간과 함께 연계됨으로써 효율적인 재생과 치안유지에 효과를 입증했다. 또한 복합터미널은 시공간압착에 따른 포스트모던적 각론시설의 대표적 시설이라고 할 수 있다.

직간접적 통제의 진화는 공간에 투사되어 통제의 직접적 시설인 교정시설뿐만이 아니라 생산 및 기업의 구조에도 유연적 변화를 일으켰음을 확인했다. 자본사회에서의 소비구조에서도 역시 유연적 변화의 요소들이 보이고 있다.
현재의 재구조화 과정을 특징짓는 일련의 경향의 단서는 다음과 같다.
다양한 산업, 생산, 금융, 부동산, 정보 가공, 오락 그리고 기타 서비스 활동들을 결합한 대규모 복합기업conglomerate의 형성으로 대표된다. 이 과정은 19세기 후반의 수평적 합병과 이후 포드주의의 출현에 중추적인 수직적 합병이나 국영 독점체보다 몇 단계 더 나아가고 있다. 공식적인 관리구조는 중앙통제가 덜하고 보다 유연적인데 반해, 포드주의의 통합된 일관작업라인과는 달리 핵심적 생산 공정은 수많은 다양한 입지들에서 개별적인 부분운영으로 점차 분할되었다. 병렬적인 생산을 통한 자회사의 증가가 보다 높은 유연성을 확보해주며 다른 한편 소유권의 범위를 넘어서는 보다 광범위한 하청으로 거대 복합기업의 중요한 거래가 확대되고 있다.

비교적 도시의 중심부에서 떨어진 도시 외곽의 한적하거나 넓은 대지에 인공의 섬과 같이 조성되던 쇼핑몰은 각론 사항이 완성된 이후, 도심내부의 영역까지 일상의 식민화를 매끄럽게 성취하기 위해 엔터테인먼트 몰화가 가속화되었다. 이것은 공공의 의견과 표현이 자유롭게 허용되었던 전통적으로 공적 영역이었던 도심 내부의 영역까지도 점차 식민화 현상이 진행되는 것으로 볼 수 있다. 상업적 이익에는 최대한 유동인구를 개방하지만 공공의 의견과 표현을 저지하는데 있어서는 빠르고 쉽게 통제가 가능한 구조를 공공과 민간이 합작하여 계획하고, 손쉬운 방식으로 처리하는 과정이 정교화시키는 것으로 생각할 수 있다. 이것은 공공의 권리를 유연한 방식으로 저항없이 내주면서 국가 영역에서는 관리의 용이함을, 사적 영역에서는 최대한의 이익을 장기적으로 안정적으로 얻을 수 있는 방식으로 진화한 것이다.

70. Jerde 설계의 쇼핑몰 모델

쇼핑몰화 현상과 건축각론의 변화사항

6019 렘 콜하스의 작품과 Bigness[64)]

Mall화된 공간의 전형을 가장 상징적으로 보여주는 사례 중 하나는 렘 콜하스의 '쿤스탈'이라고 할 수 있다. 이 건축물은 포스트모던 시대 이후 르 꼬르뷔지에의 빌라 사보아 정도의 시대적 상징성과 영향력을 지닌 건축물로 인정받고 있으며 여전히 현시대의 정신과 에너지를 강력하게 발산하고 있다. 그의 공간은 옆의 그림과 같이 하부를 관통하는 자동차도로의 동선체계와 기차역사와의 연계동선, 페디스트리언 지대와 같은 경사가로, 코트와 같은 개방된 미술관의 공용공간 등으로 표현되어 있다. 또한 수직적 요소를 적용하여 주거동과 결합된 메가Mall의 상징적인 체계가 그대로 녹아들어가 있다. 쿤스탈에서 나타나고 있는 그의 공간 통합의지는 첫째, 각각의 중심공간은 전체공간을 지배하고 있으며 둘째, 지상층에서 최상층에 이르는 보이드 공간을 두고 있는데, 이 보이드 공간과 수직이동을 위한 계단을 통하여 관계가 생겨나고 있다. 이러한 공간에서 나타나는 특성은, 첫째, 질서로부터 자유로움을 획득하고 있으며 질서있게 정돈된 공간속에서 그는 변화하고 순환하는 동선과 유기적으로 비어있는 공간을 삽입하는 방법을 택하고 있다. 둘째, 경사면을 통한 공간의 연속성을 획득하고 있

71

64) 6019의 내용은 임기택, 같은책, p98, p108의 내용을 요약한 것임.

71. 쿤스탈의 페디스트리언 지대와 유사성

다, 가장 큰 유형적 특징이며 이러한 경사면은 자연스럽게 내부공간으로 연속된 진입을 유도 하고 있으며 의도적인 내부의 경사면은 수직적인 단절을 극복하고 있다. 셋째, 공간의 상대성을 획득하기 위하여 이원론적인 공간(외부/내부, 공간/기능)을 극복하고 있으며 이러한 방법은 공간의 의미를 복합화하고 내부의 공간과 외부의 공간을 상호 경험하고 느낄 수 있게 한다.
그의 건축적 태도는 도시계획적인 스케일의 거대한 틀은 통제하고 나머지 한정된 부분에 혼돈을 허용하는 방법론이 그의 건축에 적용되고 있으며, 혼돈은 혼돈자체가 목적이 아닌 새로운 질서의 창조를 목적으로 하고 있다. 이러한 경향은 기하학적으로 가장 순수한 질서가 형성될 때 엔트로피는 가장 작지만, 보는 이에게 즐거움이나 유쾌함이 없다는 것에서 카오스를 향한 방향성을 발견하게 된다. 달리 이야기 하면 가장 엔트로피가 큰 디자인은 즐거움과 유쾌함이 존재한다고 볼 수 있다. 이러한 성향은 바로 거시적 통제의 틀 안에서 한정된 공간에 자유와 다양성과 표현적 경향[65]을 허용하는 Mall화 된 공간의 어휘와 유사함을 알 수 있다. 전체적인 큰 틀의 프레임은 격자 그리드 시스템에 의해 통제되는 가운데 페디스트리언 지대와 코트적인 요소는 바로크적 공간구조와 같은 현란함이 자리하고 있다.

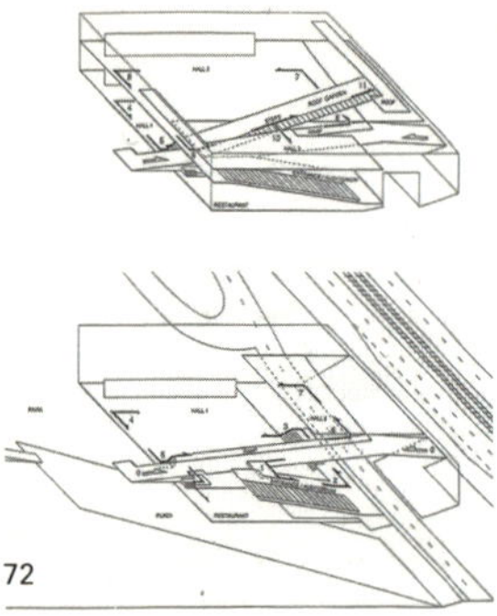

72

이러한 공간들 역시 거대화, 복합화된 Mall의 공간과 어휘를 같이 하고 있다. 한편, 그의 작품 쥬시우Jussieu 도서관에서 콜하스는 수직 Mall에서의 공용공간을 만드는 방법론을 차용하였는데, 이러한 공용공간은 경사진 슬래브를 연속적으로 중첩시켜 쌓는 방법론을 사용하고 있다. 이것은 하부로부터 다양한 교통동선으로 접근가능하고 접근한 이후 Mall의 공간에 들어서면 전체적 시점에서 모든 공간을 조망할 수 있는 대규모 공간과 함께 다양

72. Mall화의 다이어그램

65) 플라토닉 솔리드, 그리드 체계를 통한 근대적인 질서체계를 고의적으로 파괴한다. 기존의 질서체계가 지닌 공간의 균질성을 깨고 기둥의 간격과 방향 기울기, 단면 재료를 변화시켜 차별화하고 있다.

한 동선체계가 혼재하며 뒤얽혀 있는 공간과 마찬가지의 어휘체계를 보이게 되는 것이다. 전체적 시점에서 보이는 다양한 동선체계가 바로 이러한 상업공간의 연속성과 깊은 관련을 맺고 있다.

이렇게 현대성을 잘 반영하는 대가급 건축가중 한 명인 렘 콜하스의 건축에서는 두 가지 주요한 건축적 특성이 나타나는데 그것은, 첫째, 건축가의 개념을 전복시키고 상상력을 발휘 할 수 있는 자유와 둘째, 정해진 통제 안에서 혼돈(작은 규모의 설계자에게 이것은 하나의 질서이지만)을 할 수 있는 사용자의 자유가 그것이다.[66] 쿤스탈의 경우에는 흐르는 연속동선이 잘 나타나 있다. 그의 기본개념은 흐르는 연속동선Continuous Circuit이며, 보통 사람들과 일반 예술이 쉽게 만날 수 없는 기차 없는 기차역, 비행기 없는 비행기장으로 설명하고 있다. 철도, 에스컬레이터, 엘리베이터, 도로, 램프계단, 공조 시스템들 하부구조들의 기술적 야만성을 포용하고 있다. 이러한 요소 역시 하부구조로부터 상부까지의 연속적인 이동과 시선의 교차를 통해 감시와 통제의 용이성과 건물 내부의 활기와 유입을 통한 상업적, 프로그램의 성취를 가져온다.

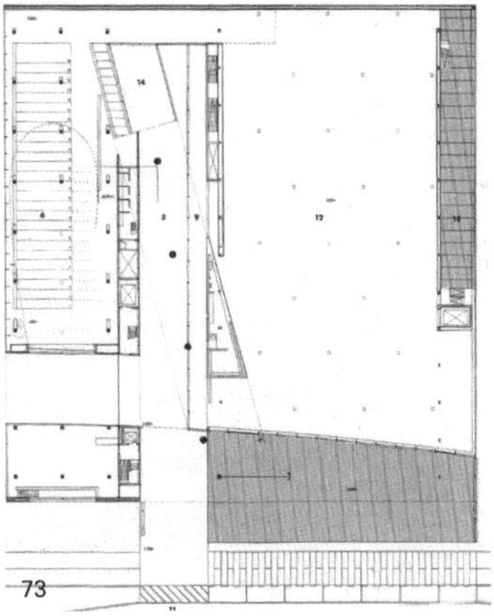

73

전술한 바와 같이 60년대 말을 전후로 하여 물적 토대의 위기가 찾아오고 점차 이러한 각론들은 수직Mall의 생성과 엔터테인먼트 Mall의 발전으로 인해 전체적인 시설의 시스템으로 자리 잡는다. 실제로 철도역과 Mall의 시설이 융합되어 있는 형태는 Mall의 구성방식과 더불어 역의 시설이 포함된 것에 불과하다고 볼 수 있다.

이전에 살펴본 바와 같이, 많은 사람들의 유동량이 있으므로 계획시에 통제

73. Mall화의 평면

66) 그가 설계한 내부공간은 바로크 공간과 같이 통합적인 공간을 가지고 있으나, 그러한 공간마저도 경제적인 그리드 체계안의 변화를 이끌어내고 있으며, 외부는 도시구조에 순응하는 자기절제의 형태를 띠고 있는 것이 많다.

와 감시의 기제가 더욱 명확하게 분리되어 있어야 한다는 점을 살펴보았다. 다음의 다이어그램을 살펴보면 복합역사로 개발되어 있는 여러 역사의 경우, 전술했던 Mall의 형태가 유기적으로 결합되어 있는 것을 확인할 수 있다. 터미널 본래의 업무를 방해하지 않는 한도내에서 최대한 터미널 이용고객을 끌어들이기 위한 각론으로 형성되어 진화하고 있다. 콘코스(역사내 넓은 공간)와 같이 계획되어 있는 페디스트리언 지대와 코트에 해당하는 영역은 공공성과 함께 사적 영역의 경계가 모호한 공간이 되기 쉽다. 이러한 가운데 더욱 통제의 기제가 강화되는 계획이 될 수밖에 없다. 특히 동선의 차단과 우회, 명확한 동선분리 등이 주요한 고려사항이 된다. 또한 시간에 따른 이용범위를 생각해야 할 것이다.

6020 자율적 통제의 강화

여러 가지 분류기준이 있을 수 있으나, 현재의 건축시설들은 그것을 만드는 주체가 누구냐에 따라 분류하는 방법도 가능하다. 이런 분류체계에 따르면 공공주도형, 민간주도형, 공공-민간합작형의 시설로 분류할 수 있을 것이다. 공공의 영역이었던 공공주도형의 시설들은 전통적으로 국가의 통제력하에 있던 공간이었지만, 관리의 비대화로 인한 업무효율이 하락함에 따라 포스트포디즘의 유연화과정과 마찬가지로 공공-민간합작형의 시설들이 등장하게 되었다. 특히 복합역사와 같은 시설들은 낙후된 국가소유의 역사를 새로 건축하면서 일정 포션을 국가에게 헌납하고 자신의 이익을 위한 상업임대공간을 가져가는 식의 형태로 개발되고 있다.[67] 이렇게 공공과 민간이 합작하여 주도하는 건물들이 늘어나게 되는 이유는, 기존의 공권력만이 행사할 수 없는 통제력을 유연하고 효율적으로 가능하게 하는 방법론이기 때문이다.

67) 大垢保孝, Shopping Mall Development & Case Study, Diamnond Consulting Co, p57
도시 재개발법은 공공시설의 정비를 목적으로 한 시가지 개조법과 불연재 건설촉진을 목적으로 한 방재건축가구조성법이 1969년 제정되었다. 토지구획정리법의 입체환지의 사고를 발전시켜 권리 변화라는 새로운 권리 조정 수법을 채용했다. 권리 변환은 기존의 권리(소유권)등을 일반적인 등가교환으로 권리처리를 규정하고, 완성된 재개발 건물에 권리를 이전하는 것이다. 이러한 법률적 정비는 공공민간의 협력을 통해 재개발과 협력을 강화할 수 있는 기반이 되었다.

설립주체별	기능유형별	예
공공주도형	공공교통거점	역, 터미널, 정류장, 교차로
	공공행정거점	행정기관, 공공기관청사
	오픈스페이스거점	공원, 호수, 광장
	교육문화거점	대학, 유통, 판매, 위락시설
민간주도형	상업형 시설거점	대형유통, 판매, 위락시설
	업무형 시설거점	업무, 금융, 기타 지식산업
	복합형 시설거점	주거 숙박 등과의 복합
	교육,문화 거점	대학, 공연장, 전시장
공공-민간 합작형	산업시설거점	전자, 통신, 미디어 산업
	복합 교통시설 거점	※복합역사, 복합터미널

각론적으로 상업화되는 Mall의 부분과 공권력에 해당되는 시설들을 첨가하여 공권력이 감당할 수 없는 부분까지 자율적 통제가 가능하게 됨으로써, 공권력의 치안 및 통제의 부담을 덜 수 있는 효율성을 제고할 수 있게 된다. 특히 도심재생의 경우, 이러한 영역이 민간의 상업적 공간과 함께 연계됨으로써 효율적인 재생과 치안의 유지에 효과를 입증했다. 또한 복합터미널은 시공간 압착에 따른 포스트모던적 각론시설의 대표적 시설이라고 할 수 있다. 주목할 점은 이러한 가운데 철저하게 관리와 통제가 유연하게 공공연화되고 있다는 점이다. 현재는 이러한 개발을 오히려 국가에서 더욱 장려하고 있는 경우가 많다. 국가가 일정하게 통제할 수 없는 부분까지 상업적 영역과 합작하면 더욱 공고하게 감시와 통제가 이루어지면서 방어선이 구축되기 때문이다. 이러한 가운데 시민들은 불가피하게 소비적인 공간에 강제적으로 노출될 수밖에 없는 상황이다. 이러한 공간에서 커뮤니티와 문화를 논하기에는 이 공간은 철저하게 의도적인 상업공간이 되면서 주체성을 상실하게 되고 시민 개개인은 무력화된다.

표. 설립주체별 시설의 분류

쇼핑몰은 도시 경제에 활력소를 주는 동시에 범죄, 기후로부터 보호받는 공간을 제공하는 역할도 하고 있다. 더욱이 도시가 자동차 중심에서 보행자 위주로 완전히 회귀하지 않는 이상 기존의 쇼핑몰이 지니는 특성은 쉽게 사라지지는 않을 것이다. 이 상황에서 쇼핑몰의 계획과 설계는 보행자 위주의 쇼핑행태와 자동차 위주의 쇼핑행태의 문제점을 절충, 보완하는 방식으로 진행되어 왔다. 쇼핑몰이 집합체로서 성공하고 동시에 도시와 접목되기 위해서 계획 설계에서부터 독립된 건축유형으로 간주되지 않고 도시의 맥락에서 파악되어야 한다. 쇼핑몰의 가로가 지니는 기능을 파괴하지 않고 공적 공간으로 공존하기 위해서는 소유, 관리체계, 유통행태 등의 전반적인 문제들이 포함되어야 하겠지만, 건축연구의 핵심은 경제, 사회적 기능과 역동적 관계를 지니는 공간조직에서부터 시작해야 할 것이다.
1970년대에 들어서면서 중심시가지 재생에 있어서 주도적인 사항은 대규모 쇼핑몰을 중심시가지에 유치하는 방법론이 등장하기 시작했다. 보행자들에게 쉽게 건물 내부가 보이도록 하기 위해서 건물 외장도 유리창 부분의 면적을 크게 하고, 보행자들에게 쉽게 건물 내부가 보이도록 하기 위해 보행자의 흥미를 끌기 위한 요소들을 삽입하고 프로그램을 삽입하기 시작했다.

–중심시가지 재생과 통제의 용이성

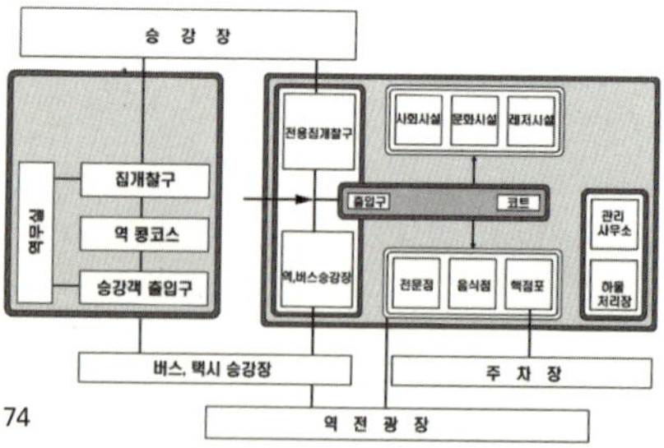

74

1970년대 전후를 중심으로 교외에 집중적으로 지역을 중심으로 한 Mall화가 진행되면서 CBD중심지 내의 주거가 열악해지고, 범죄의 증가, 교육의 악순환, 중산층의 이주, 등의 악순환이 계속되었다. 중고소득자의 교외유출은 중심시가지의 주택임대료 저하를 야

74. 복합철도역사 기능 다이어그램

기하고, 경제번영으로부터 소외된 저소득자층의 중심시가지 유입이 시작되었다. 계속해서 중심시가지의 범죄발생률이 상승하고 학교교육의 질은 악화되었다. 이러한 상황은 자치제의 재정난을 일으켜, 그 결과 도시 인프라의 열악한 상황이 더욱 악화되고, 교원의 질도 떨어진다는 악순환이 계속되었다. 이를 막기 위해 지방정부에서는 민간과 합자하여 중심시가지 재생의 작업에 들어갔다. 민관 합작 철도역사와 마찬가지로, 중심시가지 재생에는 보통 상업 Mall이 중심이 되는 지구가 핵심이 된다. 또한 이 공간을 중심으로 철저한 상업적 영역의 통제의 기제가 작용한다. 중심시가지 재생이 건축공간의 Mall화와 통제의 방법론에는 다음과 같은 영향을 부여한다.

뉴어바니즘의 실질적 실행자인 조나단 바네트Jonathan Barnett는 도시의 경쟁력을 도시설계 측면에서 다음의 네가지 방식으로 알 수 있다고 말하고 있다. 그것은 각각 도시의 질적 수준 교통체계, 오픈 스페이스, 가로시설 등이다.[33]

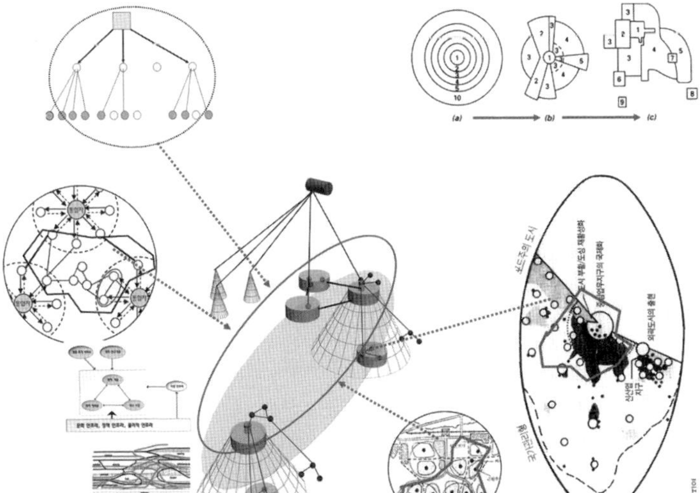

75. 도시의 분화와 유연적 생산 및 소비공간의 변화

도심지역의 인구감소현상을 방치할 경우 도심의 공동화 현상은 치유불가능의 상황까지 다다를 수 있다는 결론 하에 각 도시는 도심 및 주변지역의 상업 업무시설의 과도한 확장을 억제하는 한편 그동안 일부 학자들이 계속 주장해왔던 "전통적인 도시지역의 복합용도 보존을 구체화하기 위해 최소한 당해 지역에서 없어지거나 용도가 바뀌어가는 주거공간을 다시 회복시키려는 계획의도에서 기존의 복합용도 건축물의 상업 업무 용도로 용도 전환되는 것을 억제함은 물론, 신축 건물에서는 상업 및 업무 기능 이외에 일정지분의 주거공간을 수용토록 유도시켰다. 적정규모의 사람들이 자율적 통제의 체계를 가지는 것이 장기적으로 지역을 활성화하면서 치안에도 도움이 되었다.

6021 공간통제의 방법론

이 시점에서 다시 한번 모던도시와 포스트모던도시의 특징을 살펴보면 이제 포스트모던 도시의 특징적인 키워드들이 사실은 통제의 방법론이 변화하고 있음을 의미하는 것이며 공공부분과 민간부분의 협력을 통해 감시와 통제의 기제가 적절하게 발휘되게 하는 시스템의 개발이나 마찬가지라는 사실을 알 수 있다.

제이콥스는 가로의 감시자eyes on the street라는 개념을 제안하고 있는데 이는 가로 위의 사람들이 이곳이 제공하는 기능에 참여하고 각자의 역할을 수행함으로써 자연적 또는 무의식적 상호감시를 통해 범죄를 예방하는 효과를 얻을 수 있다는 것을 의미한다. 밀집된 도시의 공공영역에서 범죄가 많이 발생한다는 기존의 관습적 인식과는 달리 제이콥스는 그 가로에 속한 사람들과 그렇지 않은 사람들이 모두 함께 범죄의 방지에 기여한다고 주장한다. 보행자들의 역할은 경찰보다도 더욱 중요하다. 뉴만의 영역성 개념도-공적public공간으로부터 시작해서 반공적semi-public공간과 반사적semi-private공간 그리고 사적private공간으로 이어지는 단계별 위계가 분명하게 나타난다. 뉴

만은 방어공간을 "스스로를 방어할 수 있는 사회조직social fabric의 물리적 표현을 창조함으로써 범죄를 미연에 방지할 수 있는 주거환경의 한 가지 모델이라고 정의하고 있다. 방어공간을 조성하는 구체적인 방법은 자연적 감시, 영역성, 접근통제와 경계강화, 안전지역 등이다. 자연적 감시는 제이콥스의 가로의 감시자, 개념과 유사하지만 이는 건물에 주로 적용되는 방식으로 건물에 배치된 창문의 위치와 각도, 출입구의 위치 및 가시성 등 거주자들이 이곳에 침입한 사람들을 자연스럽게 감시할 수 있는 장치들을 포함하고 있다. 중심시가지에 Mall을 중심으로 한 가로를 만드는 것은 자율적 감시의 체계를 설립하는 의미를 가지고 있다.

도시당국은 대규모의 주거단지 건설시 개발주체와의 협조를 통해 지구중심의 쇼핑센터 이외에 교회, 유치원, 우체국, 경찰서 등의 공익시설들을 설치하고 중앙부에는 시장광장을 배열하는 한편 기존 도심에서 볼 수 있는 일반 소매점들과 음식점, 카페, 휴게공간 등을 묶어 쇼핑몰을 구성하고 있다. 이러한 노력은 실제 많은 효과를 거두고 있어 단지의 중심부가 당해지역 주민이 적극적으로 이용되는 지구중심으로서의 의미를 찾게 되었다. 이것은 70년대 이후 Mall의 유형을 정리한 프로그램으로 생각할 수 있다.

주거기능이나 상업기능을 재생하기 위해서는 어메니티가 증가하는 마을 만들기가 필수적이다. 즉 방문자의 체류시간을 길게 함으로써, 이들 방문자를 고객으로 하여 경제활동을 재생시키는 것이다. 주요 가로를 재생시키고 산책공간을 조성하면서 문화와 예술의 요소가 빠질 수 없는 중요한 요소로 쓰이고 있다. 이렇게 Mall화에 있어서 중요한 점은 어떻게 하면 창조적 인력과 예술적 인력을 유인하여 문화적 인큐베이터 역할을 수행할 것인가와 어떻게 활력을 불러일으킬 것인가가 도시 경쟁력에 있어서 중요한 화두가 되고 있다. 이를 위한 건축적 인프라는 중저층 건물을 중심으로 유회성遊回性이나 영역성領域性을 갖추도록 하는 것이다.

–거시적 틀 속의 한정된 자유와 다양성

주체별로 만들어지는 시설의 역할은 다음과 같이, 공공주도형과 민간주도형, 공공-민간 합작형으로 나누어볼 수 있다. 공공주도형은 전통적으로 공권력에 해당되는 시설과 대국민 공적 서비스에 관련된 시설 등이고, 민간주도형은 Mall과 같은 상업적 공간이다. 현재에는 점차적으로 공공과 민간이 합작하여 개발을 하는 사례가 눈에 띄게 많아진다. 이러한 사례로 역사건축과 터미널 건축에서 많은 사례들을 찾아볼 수 있는데, 이것은 전통적으로 공공의 시설에 해당되는 건물이었다.

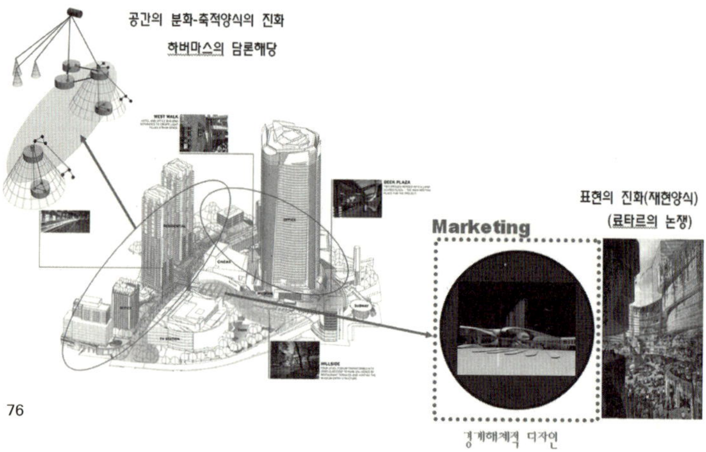

76

종합하면, Mall화 현상은 거시적인 구조의 틀은 계속해서 통제성이 강화되는 방향으로 진화한 것이며, 중심광장과 페디스리언 지대의 유연적 구조와 재현양상은 전체적 통제의 틀 내에 한정된 자유와 다양성을 인정하는 구조로 진화한 것이라고 생각할 수 있다.

76. 대규모 복합 쇼핑몰과 표현양상

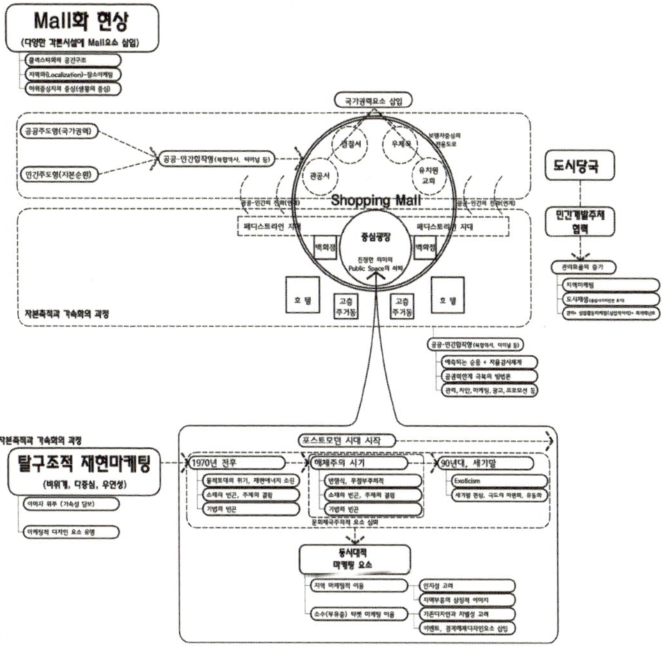

77

위의 다이어그램은 오늘날 소비공간에서의 유연적 통제구조와 내부 공간 및 외적표현과 관련된 양상을 정리한 다이어그램이다. 다원적 프로그램과 상업적인 것을 기반으로 하는 쇼핑몰의 무한증식적인 공간속에서 중심을 잡아주는 보행자 지대와 중심광장을 기본으로 하여 자율적 통제가 가능한 가운데 한정된 자유가 부여된다. 그 가운데 간단한 기능의 관공서와 파출소, 우체국, 유치원, 교회 등의 반 공공적 시설들이 입지하면서 공공적 성격의 시설들이 입지하게 된다. 또한 공동화 현상에 방어하기 위해 호텔과 고층 주거동 등을 적절하게 삽입하게 된다. 그 결과 24시간 자율적 통제와 감시가 기능하는 시스템이 완성되게 된다. 이러한 관리와 통제의 효율성으로

77. Mall의 공용공간 부분의 탈구조적 재현 마케팅요소

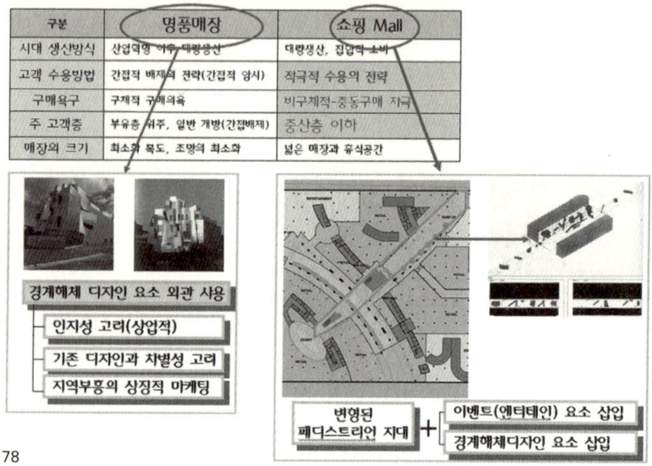

78

인해 공공과 민간의 니즈가 접목을 이루어 합작하여 작업이 이루어지게 되고 이것은 결국 관리 및 통제의 효율화라는 결과를 가져오게 된다. 중앙광장 및 쇼핑 몰의 전면부의 다원주의적 혹은 탈구조적 표현방식이 나타나는 경우는 구매력을 갖춘 사람들의 유동량이 많은 지점에 시각적인 인지성과 상징성을 위한 표현이거나 좀 더 오랜 시간동안 머물도록 유도하면서 소비를 촉진시키기 위한 디자인적 방법론의 수단으로 사용되는 경우가 대부분이다. 이러한 디자인적 방법론은 철저하게 자본적인 니즈에 맞추어 상기한 요소들에 사용되어왔는데 그 계보는 포스트모던 이래 해체주의 그리고 다원적인 유동적 디자인에 이르기까지 탈구조적인 요소들이 이러한 공간적, 표현적 필요에 집중적으로 이용되어 왔다.

철학적 부분들과 연계하여 생각해보았을 때도 이러한 표현적 공간적 양태들은 포스트모던이래 논의되어 왔던 다양한 담론들과 그 궤를 같이 하고 있다. 전체적인 큰 틀은 하버마스의 진보주의에서 축적 및 통제체계의 유연적 강화과 보수주의의 모든 요소가 결합된 것으로 생각할 수 있다. 한편, 중심

78. 재구조화 공간내의 경계해체 이벤트요소

광장과 페디스트리언 지대에 나타나는 요소들은 진보주의의 요소들은 배제되고 보수주의의 의 요소가 결합된 것으로 철저하게 상업적으로 대중적 취향에 영합한 결과라고 할 수 있다. 따라서 다양한 동선체계와 이벤트, 엔터테인먼트 요소는 이러한 거시적 통제의 강화의 한 부분으로 이해되어야 할 것이다.

–Mall의 구조와 재현양태의 결합양상의 해석

도시공간이 '시스템에 의해 식민화'된 공간으로 재편된 것은 도시 공간상에 이 같은 논리가 작용한데 따른 결과이다. '체제에 의한 도시공간의 장악'은 도시의 자유를 외양적인 형태로만 남기고 감시, 억압, 통제가 보다 근본적인 작동원리가 되고 있음을 의미한다. 자본화가 진행된 사회의 공간구조는 외견상 모든 시민들이 참여 가능한 오픈된 공간처럼 보이지만 이면에는 더욱 효율적인 통제 시스템에 노출되어 상업적으로 길들여진다는 의미이다. 이러한 의미에서 개방적이고 다이내믹한 외관과는 달리, 도시의 일상을 사는 사람들은 보다 철저한 '신체의 길들임'을 강제 받는다는 주장이 제기되고 있다.

다른 한편으로는 더 큰 틀에서 자본의 속성을 이해하고 홈 패인 공간과 매끄러운 공간의 특성을 비교 분석하면서 매끄러운 공간 역시 홈패인 공간의 연속이라고 설파하고 있는 것으로 생각할 수도 있다. 생산양식의 변화에 따른 유연적 생산구조를 실현시키기 위한 매끄러운 공간으로의 이행 가운데 좀더 홈 패인 공간의 특성이 심화된다고 생각할 수 있다.

79. 오늘날의 다차원적 공간화가 진행되는 쇼핑 커뮤니티공간

–Mall화의 상업적 한계

포스트모더니즘을 후기자본주의 사회의 문화논리로 해석한 제임슨과 마르크스주의 이론가들은 포스트모더니즘이 후기자본주의의 타락한 증거라는 점에서 주목해야 하며, 궁극적으로는 극복해야할 대상, 즉 체계 순응적이고 현상유지적인 부르주아 자유주의의 교묘한 장치라고 보았다. 제임슨은 포스트모더니즘의 기본적인 입장이 필연적으로 오늘날의 다국적 자본주의 특성에 대한 묵시적 혹은 명시적 수용이라고 지적하면서 자본주의의 제반 문화현상에 대한 비판적 거리를 유지하지 못한 채, 역사의 변증법적 발전에 대한 비전이 결여되어 있는 것을 포스트모더니즘의 한계라고 비난하였다. 료타르는 하버마스가 변호하는 합리성은 지배적 담론을 낳고 그것은 곧 인류역사에 있어서 억압을 초래해왔다고 생각했다. 그는 모더니티의 그랜드 내러티브는 그동안 포함과 배제를 통해 동질화하는 힘으로 작용하면서 이질성을 질서의 영역으로 편입시키고 보편적 원리와 일반적 목표하는 이름으로 다른 담론들과 다른 목소리를 묵살하고 배제했다고 주장하고 있다. 오늘날의 포스트모더니즘 현상은 그러한 보편적 그랜드 내러티브의 특권적 진리가 몰락하였음을 알리는 징후이며, 그 대신 문화적 차별성에 근거하여 차이를 주장하는 주변의 목소리가 다양해지고 동질성보다 이질성의 가치가 강조되는 변화를 입증하는 것이다.

이렇듯 Mall화 현상은 4권에서 살펴보았던 하버마스와 료타르 담론의 혼란사항 분석으로 다시 한번 설명할 수 있다. 즉, 하버마스 담론의 진보주의의 내용 중 거시적 틀의 통제강화와 부르주아 모더니티의 보수성, 그리고 상업논리와 영합된 한정된 부분의 다양성을 인정하는 공용공간속에 하향 평준화 된 다양성만을 인정하는 것으로 생각할 수 있다.

오늘날의 포스트모더니티의 현상은 오히려 깊이나 강도, 범위, 일상생활에 미치는 파장에 있어서 더욱 보편화되는 정치적 과정으로 변질되었다는 인식이 지배적이다. 즉, 포스트모더니티는 타자의 목소리를 인정하고 진보적

전망을 여는 과정으로 시작되었지만, 권력화하는 것은 철저하게 봉쇄되고 수 없이 많은 타자의 목소리를 난해한 언어게임 속에 가두면서 무력화시키는 과정으로 나아가고 있다는 것이다. 자유롭게 방임하는 듯하지만, 권력의지에 다가가려는 어떠한 용도의 사회적, 정치적 목적의 커뮤니티와 행위가 일어날 수 있는 장소를 배제하는 움직임이 계속적으로 상업화되면서 가시화되는 것이다. 이것은 공권력과 상업주의의 암묵적인 야합의 형태로 계속적으로 진행되어 나가기 때문에 이러한 공공영역에 대한 축소에 대한 사회적 합의와 인식의 전환이 필요할 것으로 보인다.

시사점과
PART 3
건축적용 가능성

생각해보아야 할 점

- 커뮤니티 공간과 공공공간의 회복의 해결방식은 어떻게 되어야 하는가?
- 합리적 의사소통 공간의 행위와 건축공간과는 어떠한 관계가 있는가?
- 유연적 통제의 커뮤니티 공간의 단점에 대한 해결방식은 어떻게 되어야 할 것인가?
- 리듬분석과 식민화의 저항방식은 어떻게 되어야 할 것인가?
- 푸코의 헤테로토피아 담론과 포스트모던 사회의 관계는 어떻게 되는가?
- 소비문화에 의한 일상의 통제와 건축가의 역할은 어떻게 되어야 하는가? 등이다.
- 이후의 질문은 스스로 적어보고 사유해 보자.

6022 커뮤니티 공간의 확장속 공공공간의 축소의 문제점은 무엇인가?

우리의 도시나 건축을 생산하는 정치, 경제적 권력은 거대한 것이며 알 튀세르르의 담론과 같이 각 요소들이 정교하게 상호 연결되어 영향을 주고 받으면서 이데올로기 장치로 작동되고 있다. 건축은 그러한 이데올로기 장치로서 중요한 역할을 담당해 왔다.
19세기에 아케이드 및 백화점, 그리고 철도역은 지배적인 정치구조, 산업구조, 그리고 생산구조를 급격하게 변화시키는 모더니티의 상징적 공간이었다. 과학, 기술, 혁명, 스피드 등의 사회적 변화는 너무나 거대한 것이어서 인류 역사의 급격한 단절을 가져오게 되었고 진보의 속도는 인문적 발전의 속도를 훨씬 뛰어 넘는 것이었다. 인류는 이전의 사회에서는 경험하지 못했던 대규모 도시화를 목도했으며 그 가운데 산업사회의 열매가 전시되고 교류되고 거래되고 왕복되는 소비공간 및 이동공간이 등장하는 것을 경험하게 되었다. 오늘날에는 19세기부터 20세기 초의 모더니티의 현상으로 나타난 소비공간과 이동공간의 상징적 역할을 대규모 쇼핑몰이나 공항이 수행하고 있다. 정크 스페이스junk space로 담론화 되는 무시간적, 무장애적 무한 수평 공간인 공항 등의 터미널 공간 혹은 이케아IKEA 같은 대규모 쇼핑공간은 모든 프로그램을 흡수하는 블랙홀과 같은 공간이다. 이러한 공간은 인간의 인지능력을 훨씬 뛰어넘는 규모여서 무한정의 공간과 무시간의 경험, 그리고 시공간의 압축의 경험을 동시에 느낄 수 있게 되었다.

그러나 불법적인 것과 위험의 요소로 인해 항상 위협받을 수 있는 공항은 과거의 항구, 부두, 역사와 마찬가지로 상호교환과 소통을 규제할 수밖에 없는 장소가 되었다. 공항에서 정치적 이슈로 투쟁하거나 논쟁하거나 하는 것은 원천적으로 규제될 수밖에 없다. 그 장소는 해당 국가가 금지하거나 입국을 불허하는 물품 혹은 인물들 혹은 어떠한 행위(테러 등)이 끊임없이 기존의 질서속에 불법적으로 스며들거나 전복시키기 위한 욕망들의 위협이 존재한다. 공권력은 이러한 욕망 및 전복의 요소들을 원천적으로 차단하기 위해 많은 노력을 기울여 왔다. 이처럼 공항 및 터미널 공간은 포스트모던 사회의 도시지리와 공간 그리고 커뮤니티 공간이 사적 영역의 통제하에 놓이게 됨으로써 한정된 소비의 자유만이 허락된 공간으로 식민화되어 있다. 물론 안전한 여행과 교류를 위해 그러한 양상을 반드시 나쁜 것으로만 볼 필요는 없지만 공항 쇼핑몰은 오늘날의 소비공간 및 행위로 식민화되어 모든 공간으로 상업화되며 잠식당하고 있는 도시공간의 트렌드와 속성을 정확하게 보여주고 있다.
렘 콜하스는 Bigness로 대표되는 거대한 스케일의 쇼핑센터의 유형의 현란한 변용을 잘 응용하여 제시하고 있다. 그는 프로그램의 단편들을 조합하여 전체가 되게 한 이후 그것들이 내부에서 재배치되는 과정을 즐겨 사용하고 있으며 그것을 그의 건축적 방법론으로 요약하여 말할 수 있다. 그 결과, 건축 공간 및 외부의 형태 자체는 개인의 개성, 혹은 건축 자체의 철학보다는 건축 외적인 조건이나 사적 영역의 안전(사적 이익을 침해하는 행위로부터의 안전)을 보장할 수 있는 방식으로 진화하게 되었다. 즉 사적 이익을 보장하는 예방책으로서의 건축공간이 되었다는 의미이다.

현대의 상업적 공간들은 구매자와 판매자의 은밀한 니즈의 매끄러운 만족만을 최우선적으로 보장하고 그 외의 욕망(정치적 변화의 목소리)은 철저하게 배제시킨다. 현대의 공간은 결국 거친 것들과 공포와 관련된 가장 어두운 무의식의 요소들을 몰아내고 사적 영역의 행복과 건강한 공간을 지킨다는 명목 하에 감시와 매끄러운 통제의 공간을 만들어 내고 있다. 역사상 수정궁 이래 유리와 철의 구축기법과 기술 등에 의해 투명성의 요소가 비약적으로 발전했고 이성의 승리로 인해 대규모의 쾌적하고 이성적인 공간들이 만들어 졌지만 그것은 한편으로 앞서 언급한 공포와 관련된 가장 어두운 무의식의 요소를 몰아내고 은폐하고 배제시켰던 이성의 폐해의 상징적인 공간이 되었다고 할 수 있다.
그것의 상징적인 키워드가 바로 투명성이다. 수정궁 이래 계속해서 양태를 변화하며 등장해 왔던 투명한 것들과, 대규모 공간에서 드러나는 전시되는 콜렉션과 대규모 군중들이 상호 감시하고 통제하는 자율적 통제의 공간과 암묵적 교육의 공간은 투명성과 관련하여 암묵적인 통제의 공간이 되고 있다. 그것은 투명성과 관련하여 권력과 신화적 공간이 된 것이다. 그것은 달리 말해 유토피아Nowhere-Place, 즉 어디에도 있을 수 없는 공간이 되었다. 그렇다면 현대의 도도하고 거대한 상업적 영역에 대한 해결책은 어떻게 되어야 하는 것일까? 사실 건축가가 이러한 부분에 있어서 해결책을 제시할 수 있는 부분은 극히 제한되어 있다고 보아야 할 것이다.

플래시몹과 같은 일시적 행위들은 사이버공간에서 자발적인 조직이 이루어지고 사적영역에 속해 있는 커뮤니티 공간에서 일시적으로 행해진 이후 다시 흩어지는 행태를 보인다. 사이버시대의 특성과 커뮤니티 영역에서의 저항적 움직임 그리고 소멸 등 역시 이러한 공공영역 축소에 대한 저항의 한 표현방법론으로 볼 수 있다. 현시대에 맞는 정치적 자유, 표현의 자유가 허용될 수 있는 방안에 대해서 고민해 보아야 할 것이다.

6023 합리적 의사소통 공간의 행위와 건축공간과는 어떠한 관계가 있는가?

도시에서 하나의 장소에 장소를 덧붙여 나가고 켜가 쌓여 나가면서 사회 안에 의미를 형성시키는 건축적 공간이 된다. 사회의 여러 가지 내외부의 변수를 적용하고 굳어지기도 하고 변화하기도 한다. 다양한 역할자players, actors 들과의 의사소통과 힘겨루기를 통해 유용성이라는 기능과 함께 소유자의 권력의지가 투사되면서 공간은 구체화된다.

이처럼 건축공간은 역사라는 무수히 많은 시간의 켜 속에서 다양한 역할자들 사이의 상호작용 즉 의사소통의 과정을 통해 구체화된다. 그 가운데 다른 차원의 언어와 다른 차원의 생각 그리고 다른 차원의 권력의도가 투사되어 구체화된다. 따라서 건축 공간은 자연스럽게 역할자 특히 건축주의 권력의지가 투사되고 대변되는 공간이 만들어질 가능성이 많다. 건축공간에서 제한적인 요소들은 그 지역의 다양한 변수들 예컨대 법규와 풍토적 조건으로부터 파생되어 오랜 기간동안 형성된 생활양식이 적용되는 경우가 많다. 그러나 개인이나 공공의 영역에서의 결정은 자칫 잘못하면 그것의 의도를 실행하는 권력의지에 집중되어 다양한 목소리를 포함시키거나 건전한 의사소통을 이루지 못하고 일방적으로 흐를 가능성이 있으며 이기적인 결정으로 인한 불건전한 요소들이 취해질 가능성이 있다. 이때 이러한 불완전하거나 일방향적인 의도를 적절하게 균형을 맞출 수 있는 것이 시민사회의 목소리이다. 이들의 의사소통을 통해 잘못된 결정이나 권력의도를 저지할 수 있다. 사회운동과 NGO 그리고 지역적 운동이 모두 그러한 사례로 볼 수 있다. 이러한 목소리는 단순히 한 지역의 목소리만이 아니라 전 세계의 매체가 발전함에 따라 전지구적인 영향력을 미치고 있다는 점에서 의미가 있다. 또한 커뮤니티 비즈니스와 같이 자본의 행위에 비판적인 흐름이 신자본주의 세력에게 가장 두렵고 강력한 대응방법이 될 수 있다는 생각으로 자체적인 경제활동을 조직화해나가는 방법도 확산되고 있다.

공권력은 항상 무언가를 통제하고자 하는 성향을 띠게 되는데 자유방임적 사적 이익의 극대화는 그것을 벗어나고자 한다. 사적 이익의 영역에 속해있는 부분은 또한 사적이익을 위한 더욱 강력한 통제하에 놓여 있게 된다. 그러나 시민사회는 이들 두 세력의 의도를 타협하고 바람직하지 못한 것에 균형을 맞추는 방향으로 작용한다. 이들의 목소리들은 각각 하버마스가 이야기하는 바람직한 방식의 의사소통이 이루어질 때 건전한 균형을 이루게 될 것이다.

6024 유연적 통제의 커뮤니티 공간의 단점에 대한 해결방식은 어떻게 되어야 할 것인가?

르페브르는 오늘날의 사회적 공간(커뮤니티 공간)과 공공공간에 대한 개념을 나눔에 있어서 괄목할 만한 통찰력을 보여주고 있다. 오늘날의 건축공간의 종속과 권력의지가 공간에 투사되는 상황을 다음과 같이 언급하고 있다.

우리는 건축가가 공간의 한 구간 또는 한 조각을 보유한다고 생각할 수 있다. 그는 이 공간을 하나의 '자료'로 간주하며, 자신의 취향과 기술, 아이디어와 선호에 따라 이를 취급할 것이다. 그는 자신에게 할당된 조각을 받아서 자유로운 가운데 그 조각에 전념할 것이라고 생각한다. 그런데 실제로는 상황이 이런 식으로 전개되지는 않는다. (개발

업자 또는 관계당국에 의해서) 건축가에게 할당된 몫은 그가 이따금씩 짐작은 하지만 확실하게 잘 알지는 못하는 계산에 달려있다. 이 공간은 전혀 순진하지 않다. 공간은 전략과 전술의 구실이 된다. 공간은 생산양식의 공간, 즉 부르주아 계급에 의해 경영되는 자본주의의 공간에 불과하다. 공간은 '구획'으로 나뉘어서 존재하며 주변의 주요 지점에 대해서 억압적으로 배치된다.

건축가의 눈으로 말하자면, 건축가에게 건축하라고 떼어준 조각이나 그가 설계를 위한 밑그림을 그리게 될 백지가 순진하지 않은 것과 마찬가지로 그의 눈도 전혀 순진하지 않다. 건축가의 '주관적' 공간은 매우 객관적인 의미작용으로 채워진다. 시각적 공간은 서류, 또는 서류에 그려진 이미지, 즉 상상력의 적이라고 할 수 있는 '이미지의 세계'로 환원되어 버린다. 선 투시도법은 이와 같은 축소를 한층 강조하고 정당화한다.[68)]
오늘날의 자본의 사회적 공간(커뮤니티 공간)은 건축과 정치 사이의 경계설정이 공공의 이익만이 목표가 아니라 건축이 필연적으로 관계하는 영합하고 상호 이익을 성취하기 위해 공공적 이익의 행위를 배제하는 것이 두드러진 양상으로 나타나고 그에 대한 공간적 표현적 양태가 현재의 대규모 상업적 공간과 주거 및 공공시설이 융합되는 형태로 나오게 되었다.
건축가가 자유롭게 계획하고 있는 것으로 생각하는 커뮤니티 공간은 사실, 자본의 권력의지 다시 말해 유연한 통제구조가 진행되는 가운데 소비와 관련된 한정된 자유만을 허용하고 있으며 이러한 과정은 결국, 공공영역의 축소현상을 가져왔다는 취지의 논리를 전개한 바 있다.

르페브르가 언급한 바와 같이,
공공영역의 축소와 자본의 권력의지가 투사된 내용은 다음의 요소들을 포함하고 있다. 이제 사용자 또는 주민이라고 하는 어설프고 악의적인 용어로 불리는 사람들의 공간을 살펴보자. 사실 이들을 지칭하기 위해서는 명확하게 정해져 있으며 강력한 암시

68) 같은 책, p514

적 의미를 지닌 단어조차 없는 형편이다. 공간적 실천은 이들을 언어에서조차 소외시킨다. '사용자'라는 말은 상당히 애매하고 수상쩍다.

사용자의 공간은 재현된(인지된) 공간이 아니라 체험된 공간이다. 전문가들(건축가, 도시계획가, 기획 입안가)의 추상공간에 비해서, 사용자들이 일상적으로 성취하는 수행적 공간은 구체적 공간이다. 다시 말해서 주관적인 공간이다. 계산의 공간, 재현의 공간이 아닌 '주체들'의 공간은 시련과 습득, 결핍으로 점철된 어린 시절을 그 근원으로 삼는다.

FTA와 같은 다국적 자본들은 빠른 자본적 순환을 뒷받침할 수 있는 공통의 플랫폼을 구축하여 배후에서 이익을 흡수할 수 있는 방법론을 진화시키고 있다. 배후의 정체를 숨긴 상태에서 권력의도를 건축공간 및 도시지리에 투사하여 자신의 목적을 정당화하고 성취하려는 끊임없는 투사되는 과정에서 건축가가 상대적으로 자율성과 공공의 이익을 위해 목소리를 제시할 수 있는 여지를 계속해서 넓혀나가는 사회적 노력이 필요하다. 사적영역의 공간에서도 일정부분 그러한 여지들을 제도적으로 뒷받침할 수 있는 시민사회의 노력 역시 필요하다.

앞서 언급한 바와 같이, 시장경제와 신자유주의를 이끌고 있는 세력들이 가장 두려워하는 것은 자급자족적 문화와 로컬에 기반을 둔 커뮤니티 비즈니스가 활성화 되어 전세계적 규모(다국적 기업)로 사업을 하고자 하는 의도가 원활하게 되지 않고 생산과 순환의 순환이 원활하게 이루어지지 않는 상황이다. 시장경제에서 자유주의적 가치와 보이지 않는 손의 역할의 긍정적인 기능을 생각하더라도 적절한 시민사회의 균형잡힌 세력화와 활동을 통해 일방향적인 흐름을 견제할 필요가 있다.

6025 리듬분석이란 무엇이며 식민화의 저항방식은 어떻게 되어야 할 것인가?

르페브르의 유작, 『리듬분석』에서 그는 '리듬'을 '반복 속의 움직임과 차이'로 정의하며, 크게 '주기적 반복'과 '선형적 반복'의 두 가지 유형을 구분하여 시론적으로 글을 썼다. 그는 이 책에서 일상성이란 테제를 '리듬분석'의 관점으로 다시 풀어보고자 했다.

르페브르가 생각하기에 공간은 사회적 관계(노동의 기술적·사회적 분업)의 물리적 실현매체이다. 단순히 외적으로 드러나는 건축물의 '형태', '기능', '구조' 만을 기술하는 것으로는 사회적 관계를 정확하게 분석하여 상호간의 역학관계에 의한 변화과정을 설명할 수 없다. 그것은 공간과 그것의 생산이 추상적 기호와는 다른 현실성을 지니고 있기 때문이다. 마르크스적 관점에서 다양한 토대 위에 구축되는 공간은 공간에 영향을 주는 다층적인 토대의 고유성이 유지되는 가운데 공간에 영향을 미치면서 구체화된다. 그것은 사물(사회적 관계의 매체이자 이념적 대상)인 동시에 기존에 존재하던 것 위에 형성된 다층성을 형성하고 있다. 그것은 권력의도의 '흐름'의 개념을 포함하고 있다. 공간은 추상공간과 공간 자체이면서 지배의도(권력의도)가 투사되어 구체화되는 모순이 공존하며 구체화되기 때문이다.

그는 사회 및 공간이 만들어내는 리듬이 다중성plurality을 가지며, 다중적인 리듬이 하나의 앙상블ensemble을 구성한다고 주장한다. 사회적 삶과 공간의 생산은 이렇게 주체의 리듬을 타자의 리듬에 투입하는 투쟁이며 그것은 달리 말해 권력의도의 투사를 관철해 내는 과정이다. 자연스럽게 이러한 리듬을 둘러싼 투쟁은 권력의도의 동질성의 투입과 다양성의 저항 사이의 갈등으로 달리 이야기 할 수 있다.

르페브르는 공간과 시간성이라는 다른 차원의 요소들을 변증법적으로 통합하여 '현전'을 리듬(공간의 시간성, 시간의 공간성을 매개하는 장치)의 측면으로 드러내고자 했다. 공간은 몸(총체)에서부터 시작하며, 수동적인 몸(감각)과 능동적인 몸(노동)은 공간 안에서 하나가 되기 때문이다. 이런 측면에서 그는 리듬의 시간성과 전체속에서 각 시간들과 공간의 생산주체들의 관계에 주목한다.

상호 주체들의 리듬의 투쟁은 리듬을 강요하는 주체들 간의 힘의 크기에 따라 변증법적으로 통합되며 질서를 형성한다. 그것은 비양립적, 동일적, 내포적, 배제적인 것이 아니라 힘의 만남속에 적절한 균형을 맞추어 나가는 과정이다.

만약 어떠한 주체의 리듬이 강력한 힘과 잠재성을 가지고 있으면 그것은 어느 순간 현전성을 불쑥 출현하여 리듬(시간)을 부여하며 존재감을 드러낸다. 그것은 본래대로 포착되고 인지된 '현재'를 포함한 모든 것을 현전으로 변형시킨다. 리듬 분석의 제스처는 이 사물들을 다양한 사물들이 아닌 현전으로 변형시킴으로써 극적인 미래, 의미로 충만한 전체 속으로 통합한다. 그것은 시간성과 전체 속에서 각 시간들이 맺는 관계로부터 파생되어 등장하게 된다.

그는 실체적인 것을 실천하기 위해 필수적으로 거쳐야하는 (비객관적) 정신적·추상적 과정과 비판이 결여된 지식, 실천이 배제된 '순수' 철학이 상호간의 부족한 점을 극복하고 변증법적으로 통합되어야 함을 주장한다. 주체는 공간을 생산해야만 하며, 급진적인 질문이 제기되는 극적인 순간을 맞이하게 되는데 그것은 '다른 사회(생산양식)'를 만들어가는 (추상적) 기획의 기회이다. 달리 말해 그것은 실재적' 민주주의 ; 창의적 역량의 개입과 이와는 반대적인 권력, 세계적 차원의 (환원적, 총체적) 자원과 전략과 맞서 투쟁하는 가운데 적절한 조화를 이루어야 함을 역설하고 있는 것이다.

르페브르는 신자본주의 하에서 생산영역 뿐만 아니라 자본의 권력의도가 소비의 영역까지 침투하여 일상의 식민지화를 빠르게 성취해나가고 있는 상황에 대해서, 자본의 권력과 이를 옹호하는 세력들의 논리가 공고하게 진화해나가고 있다고 언급한. 이를 두고 공간이론가들은, 하버마스의 '체제에 의한 생활세계의 식민화'의 표현을 빌어 '(체제가 만든) 추상공간에 의한 (일상주체가 만든) 구체공간의 식민화'라 부른다.
이처럼 르페브르의 의도는 자본의 권력의도의 투사와 공간의 식민지화와 함께 리듬을 투입하여 일상화의 습관적 식민화를 이루고자 하는 세력과의 적절한 균형을 이루고자 한다면 공론장과 소비영역의 식민화에 대한 적절한 담론 형성과 실천이 필요함을 주장하는 것이다.

6026 푸코의 헤테로토피아 담론과 포스트모던 사회의 관계는 어떻게 이해할 수 있는가?

다시 앞의 논의로 돌아가서 푸코의 헤테로토피아의 담론을 살펴보도록 하자. 포스트모던시대의 다원적 상황에서 푸코는 헤테로토피아의 사회를 배에 비유하며 다음과 같이 이야기 했다.

배를 생각해보라. 그것은 부동하는 공간의 일부, 고립된 채 살아가는 장소가 아닌 장소이다. 스스로 폐쇄되어 있는 동시에 무한한 대양에 떠있는 그것은 그러면서도 항구에서 항구로, 침로에서 침로로 선술집에서 선술집으로. . . . 저 멀리 식민지에 당도해 그 정원 속에 숨겨진 가장 값비싼 보물들을 찾아내는 것이다. 배는 완전한 헤테로토피아이다. 그것은 없는 문명에서는 꿈도 메말라버리고, 모험은 첩보로 대체되며, 해적은 경찰로 대체되고 만다.

이 내용은 포스트모던시대의 건축과 도시적 상황을 정확하게 상징적으로 표현하고 있다. 푸코의 의견을 건축이나 도시적으로 치환하여 생각하면 배는 다양성을 담을 수 있는 건축공간이라고 생각할 수 있다. 혹은 도시로도 생각할 수 있다.

공간은 시공간의 압축효과나 정보기술의 발달, 자본의 손쉬운 이동 등으로 인해 항상 유동적으로 움직이고 네트워크화 되어 있다. 일견 자유롭고 다양한 공간이 펼쳐지면서 낭만적으로 느껴질 수도 있지만 그 공간은 철저하게 통제되어 있는 상황이다. 그 상황은 자본사회의 관리 및 통제의 일면을 상징적으로 드러낸 공간속에서 벌어지는 양태이다.

배(거대한 도시와 같은 크루즈선)는 완전히 다양성에 입각한 '헤테로토피아' 그 자체이다. 오늘날의 쇼핑몰화된 공간들을 생각했을 때 그리고 앞서 논의했던 공공공간의 축소경향과 감시와 통제가 유연화되어 강화되는 구조를 생각해보도록 하자.

거기에는 꿈도 메말라버리고(**달리 말해 자본의 논리에 상업화로 물들고**), 모험은 첩보로 대체되며(**감시와 통제의 유연적 진화, 전자감시장비의 발달**), 해적(**탈주자, 유목민, 노마디즘**)은 경찰로 대체(**감시와 구금의 궁극적인 역할자**)되는 현대의 공간구조의 변화양상을 상징적으로 보여주는 것이다.(후략…)

이 내용을 잘 생각해보면 6권의 주제로 논의했던 통제의 공간과 후기산업사회의 통제양상을 상징적으로 정확하게 표현하고 있다는 것을 알 수 있다.

푸코는 헤테로토피아의 여섯 가지 특징을 다음과 같이 언급했다.

1. 다양한 형태에도 불구하고 모든 문화에서 일정하게 유지되는 특징이 있다.
2. 그 역사를 통해서 하나의 사회는 기존의 헤테로토피아를 취하되 그것이 서로 다른 방식으로 기능하도록 만들 수 있다.
3. 실제적인 장소에 호환되지 않는 서로 다른 공간들과 위치들을 중첩시키는 힘을 지니고 있다.
4. 시간에 연계되며 전통적인 시간이 타파될 때 충분히 그 기능을 발휘하기 시작한다.
5. 사람들은 보통 스스로의 의지에 의해 헤테로토피아에 들어서지는 않는다.

6. 헤테로토피아들은 모든 공간의 환영적인 질을 드러내는 동시에 그 환영을 완전하고 신중한, 그리고 제대로 배열된 실제 공간으로 보상하는 모순적인 기능을 수행한다.

등이다.

다양한 형태의 문화가 있는 듯 하지만 오히려 하나로 통일된 듯한 다양성 속에 몰 개성화가 나타나는 현대의 문화현상이 그것이다. 장소 속의 공간들이 중첩되면서 상호 네트워크화 된 공간과 위계를 만들고 그것이 더욱 강력한 힘을 발휘하게 된다. 이른바 알 튀세르의 중층결정 이론과 비슷함을 알 수 있다.

마지막으로 헤테로토피아는 거짓과 같은 상황을 연출하면서 신중하고도 의도적으로 배열된 실제공간으로 보상한다는 내용은 4권에서 이야기했던 후기산업사회의 이미지화(간판)와 디즈니월드화의 논의와 일맥상통한다. 푸코는 현재의 포스트모던적 공간지리와 건축영역의 특징들을 정확하게 예견하고 있다. 또한 오늘날 사회현상과 문화가 다원화 되는 것 같은 가운데 획일화 되는 현상 역시 이와 무관하지 않다.

6027 소비문화에 의한 일상의 통제와 건축가의 역할은 어떻게 되어야 하는가?

그렇다면 건축가의 역할과 해야 할 일은 무엇일까?

결국, 논의는 다시 처음으로 돌아와 건축을 하고 있는 우리의 과제로 귀결될 것이다. 이러한 류의 포스트모더니즘이나 후기산업사회의 양상들을 살펴보다 보면 비판적 혹은 비관적인 건축가의 역할만을 생각하게 만들 수 있다. 결국 건축가는 자본의 대리인 혹은 자본의 시녀역할을 할 수밖에 없는 것인가? 건축가는 어느 시대에나 권력자나 자본을 지닌 사람을 대신하여 꿈을 이루어주었다. 이른바 원죄적 속성이 있는 것이다. 건축가는 항상 아방가르드처럼 첨점에서 자본의 순환구조를 넘어서서 새로운 방식의 순환을 긍정적으로 만들 수 있는 방법으로 나아가던가 아니면 하비타트, 혹은 따뜻한 건축가의 삶(저소득층에게 도움이 될 수 있는 사회 건축활동), 건축봉사활동, 아니면 아나키스트적인 삶을 지향하는 건축을 해야 한다.

그러나 자본의 시스템 하에서 고용되거나 자신의 건축을 운영하는 건축가는 시장에서 선택을 받지 못 할 정도로 저항하면 살아남지 못하게 되는 결과를 초래할 수 있음을 염두해 두어야 한다. 그렇다고 자본에 완전히 종속된 건축을 해서도 안 된다. 자본의 요구는 들어주되 저항의 감성과 인본주의적인 감성으로 자본의 어두운 속성을 벗어나려고 끊임없이 노력하고 양쪽에서 줄타기를 절묘하게 해야 한다는 것이 일반적인 건축가의 참된 모습이 될 것이다.

아니면 자본의 체계를 근본적으로 바꿀 수 있는 새로운 사회제도와 정책을 추진해야 하는데 그 분야는 건축가의 구축적 행위라고 하기에는 다른 차원의 영역이다. 물론, 새로운 건축가로서의 삶과 접목해서 할 수 있는 창조적 행위를 기대해 본다.

참고적으로 비평가와 렘 콜하스와의 대담에서 위의 내용과 관련하여 나온 다른 의견을 살펴보자.

전위적인 건물이 인기를 끌고 있습니다. 이것에 대한 의견은?

(렘 콜하스)언론과 건축이 어느 때보다도 스타 건축가에 의지하고 있기 때문이죠. 스타건축가라는 말을 만들어낸 것이 누구였죠? 바로 언론이예요. 언론은 센세이션을 일으키고 사람들의 흥미를 끌 만한 이미지를 내놓으려는 괴상한 욕망에 시달리고 있어요. 그 때문에 건축가에 대한 기대가 크게 바뀌었지요. **내가 꿈꾸는 것이 있다면 가능한 한 많은 사람이 쉽게 접근할 수 있는 대중적인 공간이예요. 중립성에는 관심이 없어요. 흥미를 끄는 것은 복잡성이예요. 나는 권위적이지 않고 최대한 많은 선택을 할 수 있는 건물을 좋아해요. 누군가가 활용할지의 여부도 당연히 열어두죠. 건축가로서 나는 그 선택권을 이용할 수 있게 제공하는 것밖에는 하지 못해요. 그게 다죠.**

콜하스는 건축이 선과 악을 동시에 품고 있는 것을 부정하지 않고 중립적인 시각에서 인간활동과 건축적 가능성을 최대한 확대하고 프로그램의 다양한 접목을 통해 향유할 수 있는 잠재성을 발현시키는 것을 목표로 하고 있음을 확인할 수 있다.
한편, 콜하스는 사회주의와 자본주의에 있어서도 균형잡힌 실용주의적 시각을 견지하고 있다. 10권에서 언급하겠지만 현대도시는 자본주의나 사회주의적인 성향을 가지고 있는 어떠한 도시도 완벽하지 않고 나름의 문제점을 가지고 있다. 렘은 자본주의 도시와 건축을 긍정도 부정도 하지 않고 복합성에 관심을 두고 긍정적, 실용적 발전을 중요시한다.

중국의 부조리한 인권문제에 관해서…
(렘)중국에는 내 마음에 들지 않는 일이 많아요. 하지만 나는 우리가 실용주의자여야 한다고 생각해요. 물론 중국에서 진행 중인 개발 사업이 실패할 거라고 상상하기 쉬워요. 서구의 많은 사람이 그렇게 생각하죠. 서구인들은 발전의 긍정적인 측면을 믿지 않아요. **내 생각에는 긍정적인 발전을 상상하는 것이 더 지적으로 보여요.**

당신은 여러차례 부정적인 주제를 긍정적인 주제로 바꾸었어요. 쇼핑에 관한 두꺼운 책을 쓰기도 하고, 도시의 개성없는 변두리에 몰두하기도 하고, 나이지리아의 혼란스러운 도시를 조사하기도 했어요. 왜 그런 일을 하나요?
(렘)건축가가 아름다운 건물만 지어야 한다는 규칙은 없어요. 단지 세상에서 현실이라고 부를 수 있는 것들, **예컨대, 공항, 공업지역, 교외에 흥미를 느끼는 거예요. 우리가 사는 세상이 어떤 곳인지 가능한 한 중립적인 모습으로 그리고 싶을 뿐이죠.** 바로 판단을 내려 버리는 것이 아니라 묘사하고 분석하고 싶어요.

렘 콜하스는 현대 건축가의 역할이 중립적인 모습으로 긍정적인 발전을 상상하는 것이 더욱 지적이고 바람직하다는 의견을 피력한다. 이와 함께 복합성이 있는 대중적 관심을 받는 건물에서 최대한 많은 선택을 할 수 있는 가능성을 열어두는 건축물을 추구하면서 현대성을 분석하여 최대한의 가능성을 열어두는 작업을 하고 싶다고 말하고 있다. 저항의 감성과 인본주의적인 감성으로 자본의 어두운 속성을 벗어나려고 끊임없이 노력하고 양쪽에서 줄타기를 절묘하게 하고자 하는 건축가의 모습을 찾아볼 수 있는 대목이다. 오늘날 렘 콜하스가 현대건축의 거장의 반열에 오르게 된 것에는 이러한 태도로 현대성을 충실히 반영했기 때문이다.

이제 여섯 번째 주제를 마무리해야할 시점이다.
하버마스와 료타르의 모더니티에 대한 논쟁은 재구조화와 탈구조화의 논쟁으로 달리 이야기 할 수 있을 것이며, 전체적 모더니티의 강화의 틀 가운데 포스트모더니티의 요소들이 전체를 더욱 풍요롭게 만들면서 모더니티의 특성을 강화시키는 경향을 보인다는 것이다. 하버마스와 료타르의 담론 역시 진보주의와 보수주의의 시각과 실행세력들이 존재하고 있는데, 이 가운데 Mall화 현상은 하버마스의 논의 중 진보와 보수의 내용전체, 그리고 료타르의 담론에서는 보수주의적인 경향의 내용이 결합된 결과로 나타나게 되었다. 건축공간의 Mall화 현상은 거시적인 틀의 통제 속에 한정된 상업적 다양성을 허용하는 보편적 모더니티가 강화되는 재구조화 과정의 산물이다.
아케이드로부터 Mall에 이르는 유연적 재구조화의 진화과정은 거시적 관점에서 보면, 보편적 모더니티의 틀 속에서 자율적 통제가 강화되는 가운데 한정된 상업적 자유와 다양성을 인정하는 방법론이 결합한 형태로서, 모더니티의 진화과정이 상업적으로 물성화된 것이다.

상업적 공간은 당연히 상업적 이윤을 극대화하는 것이 목적이다. 따라서 상업적 통제를 가할 수 있는 부분(거시적 틀)은 유연적 통제의 강화의 구조로 진화하였다. 이러한 상황은 생산과 소비의 유연화 과정과 세계화 과정을 살펴봄으로써 증명하였다. 공용공간 부분에서 보이는 이미지적인 요소와 경계해체적 디자인 요소들은 거시적 통제의 틀 가운데 한정된 자유로운 공간이 삽입됨을 의미한다. 단, 이러한 자유로운 공간 역시 상업적으로 활력을 불어넣고, 이윤을 극대화하는 경우에만 해당되고 상업적 목적에 위반되는 행위는 철저하게 배제된다.
공공-민간이 합작하여 개발하는 Mall은 공권력이 담당하기 힘든 자율적 통제와 치안의 요소를 담당하는 효율적 방법론이 되고 있으며, 이에 따른 사회적 공공공간의 축소의 단점으로 남게 되었다. 민영화되는 시설들은 상업적 이익을 위해 목적에 맞게 공간구조가 바뀌게 됨으로써 상업적 활력을 불어넣고 자율적 통제를 가능하게 하며, 손쉽게 감시가 가능한 관리구조로 바뀌어 가고 있다. 특히, 도심 재생의 경우, 중심에는 거대한 Mall과 상업가로가 연계되어 개발되고 있다. 문제는 상업적 목적에 맞는 공간이기 때문에 어떠한 정치적 집회나 진정한 사회참여의 커뮤니티가 점점 축소되고 있다는 점이다.

탈구조적인 특성의 디자인이 Mall의 공용공간에 삽입되는 것은 마케팅적인 요소로 쓰이고 있으며 이것은 탈구조화 담론에 해당되는 내용이 보수적 상업주의와 결합한 형태이다. 그러나, 이러한 공간의 재현양태는 대중취향의 이미지들이 난무하여 상업적으로 쓰이면서 오히려 소외감이 증폭되었다. 이에 따라 공간을 경험하고 이용하는 사람들은 소비적 공간의 논리와 이미지에 익숙해지고, 오히려 상업적 취향에 길들여지게 되면서 보편화되는 특성을 보인다. 건축인들은 이러한 상업화의 부정적인 식민지화에 효과적으로 탈주하고 저항할 수 있는 방법을 생각하고 담론화해야 한다. 물론 자본사회에서 생존할 수 있는 범위 내에서 스마트한 방법을 취해야 할 것이다.

찾아보기

그림출처

Norman Johnston, Forms of Constraints, University of Illinois Press, 2000

Norval Morris, The History of the Prison, Oxford University Press, 1998, p213, 214

Peter Krasnow, Correctional Facility Design and Detailing, McGrawHill, 1997, p

Tomas Marcus, 권력과 건축공간
유우상 외 역, Spacetime, 2006, p168, 171

참고문헌

국내 단행본

1. 건축 부문
길성호, 수용미학과 현대건축
Spacetime, 2002

마이클 헤이편, 1968년 이후의 건축이론
봉일범 역, spacetime, 2003

만프레도 타푸리, 건축과 유토피아
김원갑 역, 1992

봉일범, 누적도시, Spacetime, 2005

양동근, 현대건축론, 기문당, 1995

앤디 메리필드, 매혹의 도시, 맑스주의를 만나다, 남청수 역, 시울, 2005

이진경, 근대적 시공간의 탄생
문학과학사, 1997

이진경, 근대적 주거공간의 탄생
소명출판, 2000

최윤경, 사회와 건축공간, Spacetime, 2003

케이트 네스빗, 건축이론1, 2, 3
최학종 역, Spacetime, 2005

편집부, ANYWAY, 서울: CA press, 1997

편집부, ANYWHERE, 서울: CA press, 1997

편집부, ANYPLACE, 서울: CA press, 1999

Pawley, M., 근대주거이론의 위기
최상민, 이영철 역, 성진사, 1995

Tomas Marcus, 권력과 건축공간
유우상 외 역, Spacetime, 2006

William J. R. Curtis, 1900년 이후의
근대건축, 강병근 역, 화영사, 1993

保坂陽一郎, 경계의 형태 그 건축적 구조
이진민 역, 한국산업훈련연구소, 1999

2. 도시 부문
대한국토, 도시계획학회 편저
서양도시계획사, 보성각, 2001

데이비드 하비, 모더니티의 수도 파리
김병화 역, 생각의 나무, 2005

데이비드 하비, 자본의 한계
최병두 역, 한울, 1995

데이비드 하비, 포스트모더니티의 조건
구동회, 박영민 역, 한울, 1994

마이크 새비지, 자본주의 도시와 근대성
김왕배 외 역, 한울, 1996

앙리 르페브르, 공간의 생산
양영란 역, 에코리브르, 2011

에드워드 소자, 공간과 비판사회이론
이무용 외 역, 시각과 언어, 1997

이규목, 도시와 상징, 일지사, 1988

조명래, 포스트포디즘과 현대사회 위기
다락방, 1999

조명래, 현대사회의 도시론
한울아카데미, 2002

존 레니에 쇼트, 문화와 권력으로 본
도시탐구, 이현욱 외 역, 한울아카데미, 2001

최병두, 근대적 공간의 한계, 삼인, 2002

팀 홀, 현대도시의 변화와 정책
유한종 외 역, 푸른길, 1999

피터 손더스, 도시와 사회이론
한울아카데미, 1997

한국공간환경연구회, 공간과 사회1, 2
풀빛, 1991

한국공간환경학회, 현대도시이론의 전환
한울아카데미, 2001

Choay, F, 근대 도시, 이명규 역, 세진사, 1996

Debord, G., 스펙타클의 사회, 이경숙 역
현실문화 연구, 1996

Hobvsbawm, E., 자본의 시대 1848-1875
정도영 역, 한길사, 1983

Rapoport, A., 주거형태와 문화, 이규목 역
열화당, 1985

3. 철학 부문
고호상, 하버마스의 현대성 주장과 보편적
합리성 문제, 한국학술정보, 2006

다리안 리더, 라캉, 김영사, 1995

로날드 칠코트, 포스트맑스주의
이경숙 · 전효관 역, 민맥, 1992

릭 로데릭, 하버마스의 사회사상
김문조역, 탐구당, 1992

미셸 푸코, 감시와 처벌
박홍규 역, 강원대 출판부, 1989

미셸 푸코, 니체, 계보학, 역사
이광래 역, 민음사, 1990

미셸 푸코, 지식의 고고학
이정우 역, 민음사, 1992

미셸 푸코, 담론의 질서
이정우 역, 새길, 1993

미셸 푸코, 광기의 역사
김부용 역, 인간사랑, 1991

미셸 푸코, 성의 역사 1, 2, 3
이규현 역, 나남, 1990

발터 벤야민, 발터 벤야민의 문예이론
심성완 편역, 민음사, 1994

위르겐 하버마스, 현대성의 철학적 담론
이진우 역, 문예출판사, 1994

윤평중, 푸코와 하버마스를 넘어서
교보문고, 1990

이정우, 사건의 철학, 철학아카데미, 2002

이정우, 접힘과 펼쳐짐, 철학아카데미, 2000

이정우, 주름, 갈래, 울림, 철학아카데미, 2001

이진경, 노마디즘, Humanist, 2003

이진경, 근대적 시, 공간의 탄생
푸른숲, 1997

이진경, 근대적 시선의 체제와 주체화
(근대성의 경계를 찾아서), 새길, 2002

이진경, 철학과 굴뚝 청소부, 새길, 1994

장춘익, 근대성과 계몽에 대한 상이한
해석-하버마스의 사상, 나남, 1996

장 프랑소와 료타르, 포스트모던의 조건
유정완 외 역, 민음사, 1992

장 프랑소아 료타르, 포스트모던적 조건
이현복 역, 서광사, 1992

조르쥬 바타이유, 에로티즘
조한경 역, 민음사, 1989

질 들뢰즈, 니체 철학의 주사위
신범순, 조용복 역, 인간사랑, 1993

프레드릭 제임슨, 포스트모더니즘-후기자본
주의 문화논리, 정정호 편, 문화과학사, 1989

프리드리히 니체, 도덕에의 계보, 청하, 1988

프리드리히 니체, 권력에의 의지, 청하, 1988

테렌스 호옥스, 구조주의와 기호학
오원교 역, 신아사, 1982

톰 록크모어 외, 하버마스 다시읽기
임헌규 역, 인간사랑, 1995

할 포스터, 반미학
윤호병 역, 현대미학사, 1993

Lefebvre, H, 자본주의 도시화와 도시계획
최병두, 한지연 편역, 한울, 1989

Benevolo, L, 근대 도시 계획의 기원과
유토피아, 장성수, 윤혜정 역, 태림문화사,
1996

Caliniscu, M, 모더니티의 다섯 얼굴
이영철 외 역, 시각과 언어, 1994

4. 예술 부문

강내희, 공간, 육체, 권력, 문화과학사, 1995,

로버트 C. 홀럽, 수용미학의 이론
최상규 역, 예림기획, 1999

아놀드 하우저, 문학과 예술의 사회사
백낙청 역, 창작과 비평사, 1974

존 멕퀸, 알레고리, 송낙헌 역
서울대학교 출판부, 1983

진중권, 미학오디세이1·2·3
휴머니스트, 2004

5. 사회학, 경제학 및 기타 부문

고영삼, 전자감시사회와 프라이버시
한울아카데미, 1998

기 소르망, Made in USA
민유기 외 역, 문학세계사, 2004

막스 베버., 프로테스탄트 윤리와 자본주의
정신, 박성수 역, 문예출판사, 1988

막스 베버, 사회경제사
조기성 역, 삼성출판사, 1988

손동원, 벤처진화의 법칙
삼성경제연구소, p280

시오자와 요시노리, 왜 복잡계 경제학인가
임채성 역, 푸른길, 1999

유동운, 경제진화론, 선학사, 2000

유동운, 경제본능론, 북코리아, 2002

이영희, 포드주의와 포스트포드주의
한울, 1994

지그프리드 기디온, 기계문화의 발달사
이건호 역, 유림문화사, 1994

칼 맑스, 자본론 1권, 김영민 역
이론과 실천, 1987

Aries, P.,성과 사랑의 역사
김광현 역, 황금가지, 1996

David Lyon, 전자감시사회
한국전자통신연구소, 1994

Engels, F., 영국 노동자 계급의 상태
박준식 외역, 두리, 1988

Engels, f., 노동자 경제학
정경진 편역, 일송정, 1988

Flandrin, J-L, 성의 역사
편집부 역, 동문선, 1984

Huizinga, J., 중세의 가을, 최홍숙 역, 1988

Kern, S, 육체의 문화사
이성동 역, 의암출판, 1996

Rociau, 15세기 프랑스의 매춘, 성, 사회
황금가지, 1996

大垣保孝, Shopping Mall Development & Case Study, Diamnond Consulting Co, 2005

외국단행본

Agger, Ben, Cultural Studies as Critical Theory, London: Falmer Press, 1992

Barry Maitland, Retail Mall, New York, 1990

Baudrillard Jean, For a Critique of the Political Economy of the Sign, St. Louis: Telos Press, 1981

Benjamin, W. The arcades project. Ed. Rolf Tiedemann, trans. Howard Eiland and Kevin McLaughlin. Cambridge, MA: Harvard University Press, 1999

Bernstein, Richard, Jurgen Habermas and Modernity, Cambridge: Polity Press, 1985

Best, Steven & Douglas Kellner, Postmodern Theory, London: MacMillan, 1991

Calhoun, Craig, Introduction: Habermas and the Public Sphere," Habermas and the Public Sphere, Cambridge: MIT Press, 1992

Cohen, Jean & Andrew Arato, Civil Society and Political Theory, Boston: MIT Press, 1992

Cohen, L. A consumers' republic: The politics of mass consumption in postwar America. New York: Knopf, 2003

David Grahame Shane, Recombinant Urbanism, Wiley, 2005

David Gosling, the Evolution of American Urban Design, 2003

Electra Mikelides, Valentina Sabateli and Delphine Ammann, Animation in Architecture, London, 2002

Greg Lynn, Animated Form, New York: Princeton Architectural Press, 1999

Hardwick, .Mall maker: Victor Gruen, architect of an American dream. Philadelphia: University of Pennsylvania Press, 2004

Isenstadt, S. Richard Neutra and the psychology of architectural consumption. In Anxious modernisms: Experimentation in postwar architectural culture, , 2000

Leonardo Benevolo, The History of the City, MIT, 1975

Manfredo Tafuri, The Sphere and the Labyrinth translated by Pellegrino d'Acierno and Robert Connolly, MIT, 1987

Norval Morris, The History of the Prison, Oxford University Press, 1998

Norman Johnston, Forms of Constraints, University of Illinois Press, 2000

Peter Krasnow, Correctional Facility Design and Detailing, McGrawHill, 1997

Rem Koolhaas and Bruce Mau, S,M,L,XL, New York Press, 1995

Rem Koolhaas, Mutation, Actar, 2002

Rem Koolhaas, Project on the City, Taschen, 2003

Rem Koolhaas and Bruce Mau, Delirious New York, New York: The Monacelli Press, 1994

Rob Shields, Lifestyle Shopping-the Subject of Consumption, London and New York, 1992

Rob Shields, Places on the Margin, London and New York, 1991

Sze Tsung Leong, Project on the City 2, Tachen, 2004

Thomas McCarthy, The Critical Theory of Jrgen Habermas, Cambridge: MIT Press, 1978

UIA Barcelona 96(ed.), Present and Futures: Architecture in Cities, Barcelona: ACTAR, 1996

Ven Van Berkle, Love it. Live it_UN Studio, DAMDI,, 2004

Victor Gruen, Regional shopping centers and civilian defense: A memorandum with special reference to the Eastland Shopping Center in Detroit. In VGP, Box 23, 1951

William J. Mitchell, City of Bits: Space, Place and the Infobahn, Cambridge: MIT Press, 1999

William J. Mitchell,e-Topia, Cambridge: MIT Press, 1999.

山口勝弘, 環境藝術家, Kiesler, 美術出版社, 1968

大垢保孝, Shopping Mall Development & Case Study, Diamnond Consulting Co, 2007

Victor Gruen, 都市 Center 計劃, 中律原 努, 摩島出版會, 昭和52

국내 학위논문

이영수, 건축구성형식의 변화와 특성에 관한 연구, 홍익대 박론, 1992

박항섭, 한국 현대건축의 양태와 표현특성에 관한 연구, 홍익대 박론, 1997

박태호, 서구의 근대적 주거공간에 관한 공간 사회학적 연구, 서울대 박론, 1998

이기홍, 맑스의 역사적 유물론의 과학적 방법과 구조에 관한 일고찰, 서울대 박론, 1992

박태호, 서구의 근대적 주거공간에 관한 공간 사회학적 연구, 서울대 박론, 1998

이무용, 장소마케팅 전략에 관한 문화정치론적 연구, 서울대 박론, 2003

김민경, 근대성의 지속적 사고에 의한 현대건축의 윤리적 특성 연구, 홍익대 박론, 2004

김수진, 경험구조의 과정원리에 의한 건축공간구성 연구, 홍익대 박론, 2005

이선민, 현대건축이 색채사고체계에 관한 연구, 홍익대 박론, 2006

문영삼, 교정시설의 거주공간 계획에 관한 연구, 홍익대 박론, 2006

김상돈, 디지털 건축의 구성적 특징 및 적용방식에 관한 연구, 영남대 석논, 2001

김상원, 디지털화된 건축디자인의 표현적 특성에 관한 연구, 한양대 석논, 2002

김현아, 건축 디자인 매체로서의 다이어그램에 관한 연구, 서울대 석논, 2001

류무열, 디지털 건축의 시간 기반 프로세스에 관한 연구, 서울대 석논, 2002

박정대, 현대건축에 나타난 비선형 현상에 관한 연구, 서울대 석논, 1997

신승수, 피라네지 공간의 '극장성'을 통해 본 근대성의 재해석, 서울대 석론, 1997

우명숙, 현대자본주의의 변화와 유연성 논쟁에 관한 연구, 서울대 석론, 1995

장성상, 매듭의 건축적 변용을 통한 커뮤니케이션 센터 계획안: 건축의 은유적인 방법의 적용을 통하여, 경기대 석논, 2001

최교식, 현대건축의 프로그램 해석에 관한 연구, 서울대 석논, 2001

허재승, 디지털 건축에서의 공간 디자인적 특성, 단국대 석논, 2002

한선정, 해체주의 이후 아방가르드 건축의 특성과 성격 규명에 관한 연구, 서울대 석논, 1999

학회 논문

강정구, 김은희, 정진원, 엔터테인먼트요소 구분을 통한 도심 엔터테인먼트상업시설의 공간구성에 관한 기초연구, 건축학회지 22권 10호(통권216호), 2006

김광현 외, 19세기 박람회의 공간구축에 관한 연구, 대한건축학회논문집, 19권 8호, (통권 178호), 2003

김성홍, 쇼핑몰의 공간조직에 관한 연구, 대한건축학회논문집, 12권 11호, (통권 97호), 1996

김성홍, 소비공간과 도시, 대한건축학회논문집, 16권 1호, (통권 135호), 2000

김성홍, 건축과 관객: 소비문화의 상점건축, 대한건축학회논문집, 12권 5호, (통권 91호), 1996

김정미, 비선형 패러다임과 디지털 건축, 건축학회지 제 45권 9호 (통권 268호)

김형준 외, 19세기 박람회의 공간구축에 관한 연구, 대한건축학회논문, 19권 8호 (통권 178호), 0308

문영삼, 선진 교정시설의 건축계획 특성과 기준에 관한 연구,미국교도소 건축을 중심으로, 건축학회 22권 9호, 2006년 9월

심우갑 외, 신도시 중심지 계획에 나타난 거점공간조직에 관한 연구, 대한건축학회논문집, 20권 9호, (통권 191호), 2004

오덕성, 독일 복합용도 Complex의 계획방향에 관한 연구, 대한건축학회논문집, 6권 4호, (통권 30호), 1990

오덕성 외, 영국 쉐필드시 도심재생계획의 특징에 관한 연구, 대한건축학회논문집, 19권 9호, (통권 179호), 2003

오덕성 외, 해외도심재생의 계획적 특성 분석, 대한건축학회논문집, 19권 11호, (통권 181호), 2003

장동섭 외, 외국(고속) 철도역세권 개발사례의 비교분석을 통한 계획적 의미에 관한 연구, 건축학회논문집, 12권 11호, (통권 97호), 1996

정철희, 포스트맑스주의와 한국사회연구, 후기사회학대회 발표논문, 1996

현대철학과 건축이론 시리즈6
Philosophy and Architecture Series

통제담론과 건축이론

1판 1쇄 2014년 8월 11일

저자. 임기택(ktarchitect@pknu.ac.kr)

발행인. 김기현
발행처. 시공문화사(Spacetime)
디자인. 이문형(lmh0225@gmail.com)

등록. 1993년 3월 12일
주소. 서울시 서대문구 독립문공원길13 극동프라자 5층(120-796)
전화. 02)3147-1212, 2323
전송. 02)3147-2626

www.spacetime.co.kr, spacetime@korea.com
ISBN 978-89-5592-298-1 93540